Power Query

数据智能清洗应用实操

王晓均◎编著

中国铁道出版社有限公司

CHINA RAILWAY PUBLISHING HOUSE CO., LTD.

内 容 简 介

本书按照"基本入门→数据清洗实操→技能提升"的顺序安排内容,首先介绍新手入门要掌握的基本操作,然后讲解利用 Power Query 对数据进行清洗的实战技能,以及查询表的结构化与分组合并操作,最后讲解认识 M 语言并学会使用 M 语言对查询表及表数据进行处理的实用操作。

全书内容实用,实战性强,特别适合有一定 Excel 使用基础,想要提升数据清洗和处理能力的 Power Query 初学者。此外,对 Power Query 工具有一定使用经验的数据处理人员,也可从本书中找到借鉴思路。

图书在版编目(CIP)数据

Power Query数据智能清洗应用实操/王晓均编著.—北京:
中国铁道出版社有限公司,2023.9
ISBN 978-7-113-30369-3

Ⅰ.①P… Ⅱ.①王… Ⅲ.①表处理软件 Ⅳ.①TP391.13

中国国家版本馆CIP数据核字(2023)第121446号

书　　名:Power Query 数据智能清洗应用实操
　　　　　Power Query SHUJU ZHINENG QINGXI YINGYONG SHICAO
作　　者:王晓均

责任编辑:张　丹　　编辑部电话:(010)51873028　　电子邮箱:232262382@qq.com
封面设计:宿　萌
责任校对:安海燕
责任印制:赵星辰

出版发行:中国铁道出版社有限公司(100054,北京市西城区右安门西街 8 号)
印　　刷:河北宝昌佳彩印刷有限公司
版　　次:2023 年 9 月第 1 版　 2023 年 9 月第 1 次印刷
开　　本:710 mm×1 000 mm 1/16　 印张:16　 字数:280 千
书　　号:ISBN 978-7-113-30369-3
定　　价:79.80 元

前　言

● 关于本书

作为现代职场人士，尤其是经常与数据打交道的工作人员，对 Excel 的掌握已成为一种必不可少的硬性技能。但是要想做好数据处理与分析工作，仅仅会一些表格创建、排序、汇总、筛选技能是远远不够的。此时，就必须对函数的应用进行熟练掌握，甚至需要对 VBA 编程进行学习，以提升自身的数据清洗和处理能力。

然而，对于大部分 Excel 使用者来说，面对复杂的函数应用和 Excel VBA 编程都是望而却步。或许这也正是你当下苦恼的事情。

针对这部分用户的实际需求，Microsoft 公司推出了一整套 Power 工具系列，让数据分析和处理工作得以简单实现。Power Query 就是该工具系列中的一个组成。

Power Query 中文名称为超级查询，它可以方便地对 Excel 中的数据进行清洗和整理，所有的操作都基于菜单命令完成。如果还需要扩充 Power Query 的功能，则需要借助 M 语言来完成，相对于大段的 VBA 编程程序，M 语言大大简化了编程过程，只需要一句简单的 M 代码，就能轻松实现对数据的清洗和处理。

对于许多 Excel 使用者来说，Power Query 还是一个比较陌生的工具，该工具在 Excel 中能否找到？该工具具体怎么使用？数据清洗和处理结果保存在哪里？为了帮助更多的人了解 Power Query 工具，掌握如何通过该工具实现 Excel 数据的高效、智能清洗，才编写了本书。

● 主要内容

本书共 7 章，可大致划分为三部分。

◆ 第一部分为第 1~2 章，这部分内容主要对 Power Query 的入门知识进行介绍。具体包括了 Power Query 入口到底在哪里、初识 Power Query 编辑器、查询表的基本操作、查询表中数据的编辑操作等，让读者对 Power Query 有基本的了解与掌握。

◆ 第二部分为第 3 ~ 4 章，这部分内容主要是 Power Query 数据清洗技术进行介绍。具体包括了透视列与逆透视列、文本列数据的处理、数字列数据的处理、日期时间列数据的处理、结构化与分组合并操作等，这些操作都是基于菜单命令轻松完成的。

◆ 第三部分为第 5 ~ 7 章，这部分内容是 Power Query 工具应用的提升，主要是通过 M 语言来扩充 Power Query 的功能，既有 M 语言的基本认识内容，也有借助 M 函数对查询表及其数据进行处理的实操内容，所有实战都是基于具体的问题进行讲解，实操性强，读者上手快。

● 读者对象

本书所讲的内容都是按照循序渐进的学习方式安排知识，同时结合大量的实操示例进行演示，特别适合零基础学习 Power Query 工具的各类职场人士。同时，对于想要提升 M 函数应用的 Power Query 使用者也有一定的参考价值。

为了方便不同网络环境的读者学习，也为了提升图书的附加价值，本书素材和效果文件，请读者在电脑端打开链接下载获取。

下载网址：http://www.m.crphdm.com/2023/0710/14613.shtml

最后，希望所有读者都能从本书中学到想学的知识，掌握 Power Query 的实用操作及 M 语言的实战应用，提升 Excel 数据清洗效率与能力。

编　者

2023 年 6 月

目　录

第 1 章　新手入门：Power Query 入门掌握

第 2 章　打下基础：Power Query 基本操作详讲

第 3 章　基本处理：Power Query 数据清洗实战

第 4 章 进阶实战：结构化与分组合并操作

第 5 章　功能扩充：M 语言的重要认识

第 6 章　高阶应用（一）：M 函数实战之三大容器操作

第 7 章 高阶应用（二）：M 函数实战之数据处理

第1章
新手入门：Power Query入门掌握

学习目标

学任何一个工具，都需要对这个工具进行充分认识。作为初学者，在学习Power Query之前，需要对Powery Query进行了解，包括该工具在哪里可以找到、工具的启动方法及其界面构成等。这是学习利用Power Query处理数据的基础前提。

知识要点

- Microsoft Power Query for Excel插件
- Excel中直接集成的Power Query
- Power BI工具中的Power Query
- Power Query编辑器的启动方法
- Power Query编辑器界面介绍

1.1　Power Query入口到底在哪里

Power Query作为数据清洗实用工具，我们在哪里可以找到该工具呢？

接下来，我们就具体介绍Power Query在各Office软件和其他工具中的入口位置。

1.1.1　Microsoft Power Query for Excel插件

Power Query是 一个Excel外接插件程序，以查询为主题而存在。也不是所有版本的Excel程序都可以使用该工具。Excel 2003和Excel 2007是不能使用该工具的，从Excel 2010开始，就可使用Power Query插件程序了。

1.下载Power Query插件

对于Excel 2010和Excel 2013版本的用户，可以在微软官网下载对应的Power Query插件程序。

直接在浏览器中访问该下载地址，在图1-1所示的界面中的"选择语言"下拉列表框中选择语言，这里选择"中文（简体）"语言选项，单击"下载"按钮。

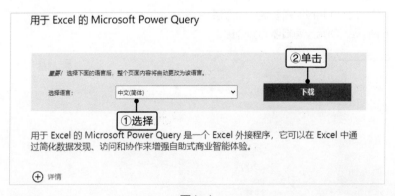

图1-1

在打开的下载界面中系统将提示用户选择所需的文件，其中：

"PowerQuery_2.56.5023.1181 (32-bit) [zh-CN].msi"插件程序适用于32位的Office 2013版本。

"PowerQuery_2.56.5023.1181 (64-bit) [zh-CN].msi"插件程序适用于64位的Office 2013版本。

用户可根据当前电脑中安装的Office 2013的版本位数选中对应的Power Query插件程序左侧的复选框，然后单击右侧的"Next"按钮下载即可，如图1-2所示。

图1-2

知识贴士 | 如何查看Office版本位数

如果用户不清楚当前安装的Office适合哪个版本的Power Query插件程序，可以在Excel程序的"文件"选项卡中单击"账户"按钮，在切换到的界面中单击"关于Excel"按钮，在打开的对话框中即可查看到对应的程序版本位数，如图1-3所示。

图1-3

图1-3（续）

2.查看"POWER QUERY"选项卡

下载完后双击插件程序，根据向导提示即可完成安装，启动Excel程序后，在功能区中就会查看到一个"POWER QUERY"选项卡，如图1-4所示，这就是早期版本的Excel中的Power Query工具的入口位置。

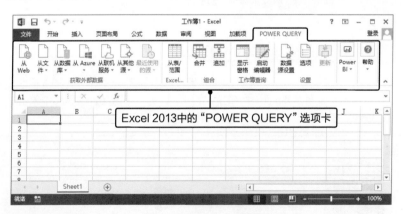

图1-4

如果Excel程序没有正常显示"POWER QUERY"选项卡，需要用户手动加载Power Query插件，具体操作如下。

实例解析

加载 Power Query 插件

步骤01 打开"Excel选项"对话框，单击"加载项"选项卡，如图1-5所示。

步骤02　在切换到的界面中单击"管理"下拉列表框右侧的下拉按钮，在弹出的下拉列表中选择"COM加载项"选项，单击"转到"按钮，如图1-6所示。

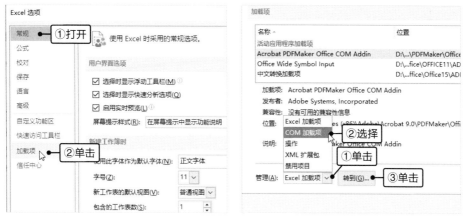

图1-5　　　　　　　　　　　　　图1-6

步骤03　在打开的"COM加载项"对话框中选中"可用加载项"列表框中的"Microsoft Power Query for Excel"复选框，单击"确定"按钮，如图1-7所示。程序自动在功能区中显示"POWER QUERY"选项卡。

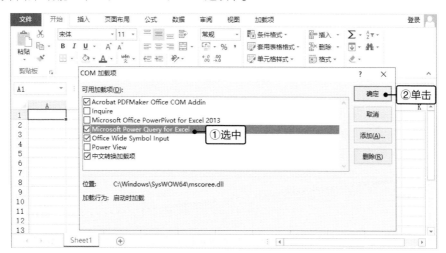

图1-7

如果当前功能区中添加了"开发工具"选项卡，此时可以直接在该选项卡的"加载项"组中单击"COM加载项"按钮快速打开"COM加载项"对话框，在其中完成Power Query插件的加载设置，如图1-8所示。

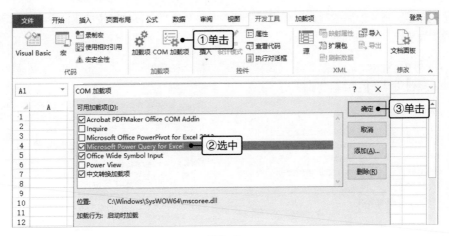

图1-8

1.1.2　Excel中直接集成的Power Query

随着Office软件的不断升级和优化，在Office 2016版本中，Power Query工具已经成为Excel 2016的内置功能，用户不需要再单独安装Power Query插件程序，早期的"POWER QUERY"选项卡在Excel 2016中被简化为"数据"选项卡的"获取和转换"组，这也就是Power Query在Excel 2016中的入口，如图1-9所示。

图1-9

通过该功能组即可方便地启用并使用Power Query功能清洗数据，在本书中，也是基于Excel 2016版本来介绍Power Query功能的使用方法。

对于Power Query工具来说，微软也会对其版本不定时的更新，在Excel 2016中，由于Power Query工具被集成到了Excel程序中，因此，如果想要使用新版本的Power Query工具，可以通过更新Excel程序的方法来获得最新版，其具体操作如下。

在"文件"选项卡中单击"账户"按钮，在切换到的界面中单击"更新选项"按钮，在弹出的下拉列表中选择"立即更新"选项，如图1-10所示。程序自动对当前的程序进行版本更新。

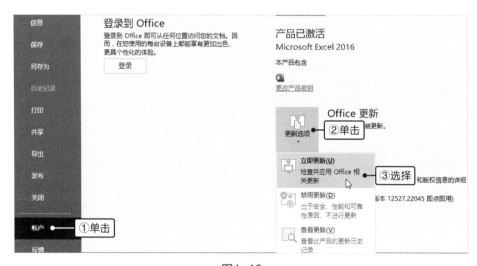

图1-10

这里注意，上述操作更新的不仅仅是Power Query的版本，而是连同Office软件下的所有组件的版本一同更新了。

知识贴士｜Power Query插件程序版本说明

　　针对早期Power Query插件程序版本的更新需要特别说明一下，在Excel 2016版本出现后，微软公司不再更新Excel 2010/2013的Microsoft Power Query加载项。但是用户可以在网上下载早期的插件使用。

1.1.3 Power BI工具中的Power Query

Power BI是一套商业分析工具，它具有Power Query、Power Pivot、Power View以及Power Map的所有功能，因此，如果用户要学习和使用Power Query功能，还可以从Power BI入手。

1.Power BI工具的下载

Power BI作为一款分析工具，可以从微软官网方便地下载。

其下载方法和早期版本的Power Query插件的下载方法相似，通过下载地址进入到图1-11所示的下载界面后选择语言，单击"下载"按钮（若要查看软件的详情信息，单击"详情"按钮，在展开的面板中进行查看）。

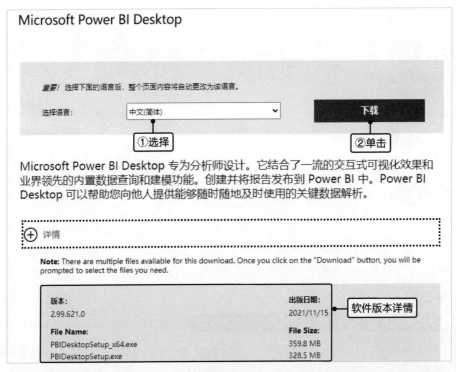

图1-11

在打开的页面中要求用户根据安装的电脑系统位数来选择对应的BI程序，这里选中"PBIDesktopSetup.exe"复选框，单击"Next"按钮开始下载，如图1-12所示。

选择您要下载的程序

文件名	大小
☐ PBIDesktopSetup_x64.exe	359.8 MB
☑ PBIDesktopSetup.exe	328.5 MB

①选中

下载列表：
KBMBGB

1. PBIDesktopSetup.exe

总大小：**328.5 MB**

②单击

Next

图1-12

 知识贴士 | Power BI程序下载说明

　　在图1-12中可以看到，微软提供了两个Power BI工具的下载程序，若电脑操作系统为x86，则下载"PBIDesktopSetup.exe"程序。若电脑操作系统为x64，则下载"PBIDesktopSetup_x64.exe"程序。

2.查看Power Query编辑器

　　下载安装Power BI工具后即可进行使用了，对于该工具的Power Query编辑器窗口，其进入的方法有两种，一种是通过"查询"组启动，另一种是通过导入数据直接转换启用，下面分别演示。

● 通过"查询"组启动

　　启动Power BI程序，在打开的界面的"主页"选项卡的"查询"组中单击"转换数据"按钮，或者单击该按钮右侧的下拉按钮，在弹出的下拉菜单中选择"转换数据"选项，如图1-13所示。

　　此时程序自动打开Power Query编辑器，在其中导入数据后即可对数据进行各种处理操作了，如图1-14所示。

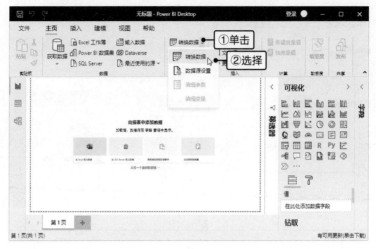

图1-13

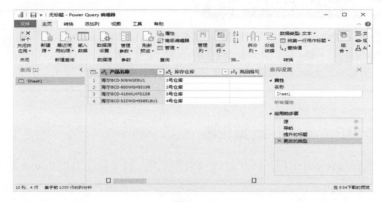

图1-14

从图中可以看到，在Power BI中的Power Query编辑器包括了"文件""主页""转换""添加列""视图""工具""帮助"共7个选项卡，且每个选项卡下提供的功能相对于Excel的Power Query编辑器中的功能更多、更强大，当然，处理数据的能力也更强大。

● 通过导入数据启动

除了通过"查询"组进入到Power Query编辑器，还可以通过导入数据的方式开启Power Query，其具体操作如下。

直接在Power BI界面的工作区单击"从Excel导入数据"按钮，如图1-15所示。

图1-15

在打开的"导航器"窗口中设置要导入的数据，单击"转换数据"按钮，如图1-16所示。

图1-16

此时程序会自动启动Power Query编辑器，并将选择的数据源导入到编辑器中，即显示图1-14所示的界面。

虽然Excel和Power BI都提供了Power Query工具，二者在数据整理能力上也存在差别，但是二者没有谁好谁坏的比较。用户只需要根据自己的需要，选择合适的工具即可。

对于一般的普通商务职场人士来说，掌握好Excel中的Power Query功能的应用，已经能够高效、智能地完成数据清洗和整理工作了。而对于更专业的数据分析工作者来说，大多还是会选择Power BI工具中的Power Query来整理数据。

1.2　初识Power Query编辑器

Power Query编辑器也称为查询编辑器，它是Power Query工具操作的主要场所，所有基于该工具的操作都在该编辑器中完成。在第1章的内容中已经初步接触到了不同的Power Query编辑器，在本章将具体对Excel中的Power Query编辑器进行详细认识，这是在学习Power Query工具应用之前必须要掌握的基础内容。

1.2.1　Power Query编辑器的启动方法

在Excel 2016中，Power Query编辑器的启动方法主要有三种，分别是直接启动Power Query编辑器、创建查询启动Power Query编辑器和根据已有查询启动Power Query编辑器。下面分别对这三种方法进行具体介绍。

1.直接启动Power Query编辑器

在Excel工作界面中单击"数据"选项卡，在"获取和转换"组中单击"新建查询"下拉按钮，在弹出的下拉菜单中选择"合并查询"命令，在其子菜单中选择"启动Power Query编辑器"命令即可启动Power Query编辑器，如图1-17所示。

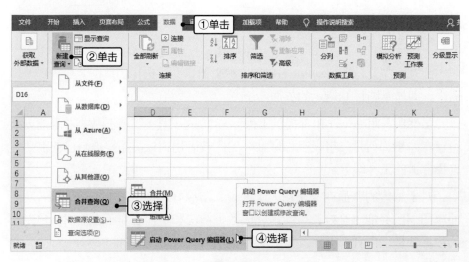

图1-17

知识贴士 | 从快速访问工具栏启动Power Query编辑器

如果要从快速访问工具栏启动Power Query编辑器，首先需要将启动按钮添加到快速访问工具栏，其具体操作如下。

在执行"新建查询/合并查询"命令后，在弹出的子菜单的"启动Power Query编辑器"命令上右击，在弹出的快捷菜单中选择"添加到快速访问工具栏"命令，此时程序自动将该命令按钮添加到快速访问工具栏中，如图1-18所示。之后直接在快速访问工具栏单击该按钮即可快速启动Power Query编辑器。

图1-18

2.创建查询启动Power Query编辑器

创建查询启动Power Query编辑器就是在创建查询的同时就启动了Power Query编辑器，即将表格数据导入到编辑器中就是创建查询并导入数据的步骤，导入的数据就是在Power Query编辑器中显示的。

在"新建查询"下拉菜单中通过任意导入数据的操作，都可以创建查询并启动Power Query编辑器，下面通过一个实例来具体了解一下。

实例解析

新建空白查询启动 Power Query 编辑器

步骤01 在目标工作簿文件中单击"数据"选项卡，在"获取和转换"组中单击

"新建查询"按钮,在弹出的下拉菜单中选择"从其他源"命令,在弹出的子菜单中选择"空白查询"命令,如图1-19所示。

图1-19

步骤02 程序自动启动Power Query编辑器并新建一个空白查询,如图1-20所示。

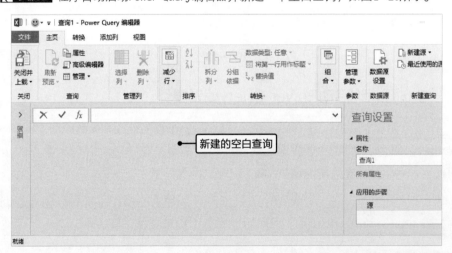

图1-20

3.根据已有查询启动查询编辑器

如果Excel文件中已经创建过查询表,并且已经上传到工作簿中,此时打开工作簿文件后,切换到查询表,程序自动激活"查询工具 查询"选项卡,在"编辑"组中单击"编辑"按钮即可快速启动Power Query编辑器,并自动显示查询表的内容,如图1-21所示。

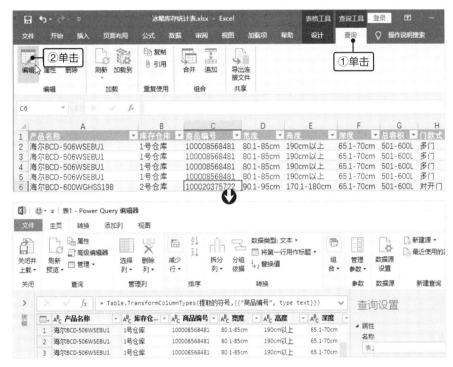

图1-21

知识贴士 | 早期版本的Power Query编辑器的启动方法

在Excel 2016中启动Power Query编辑器的方法同样适用于早期版本,只是操作的位置存在些许的差异。用户直接在"POWER QUERY"选项卡中执行相关命令或单击对应的按钮即可,如图1-22所示。

图1-22

1.2.2 Power Query编辑器界面介绍

完整的Power Quert编辑器由六个部分组成，分别是标题栏、功能区、查询区、编辑区、设置区和状态栏，如图1-23所示。

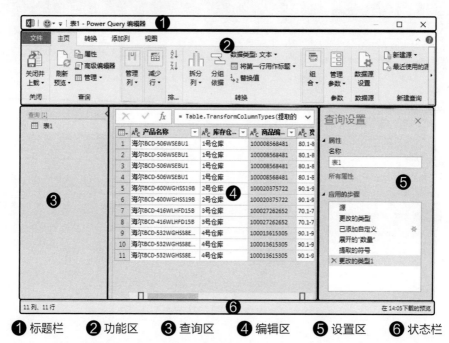

① 标题栏　② 功能区　③ 查询区　④ 编辑区　⑤ 设置区　⑥ 状态栏

图1-23

下面对每个组成部分进行详细介绍。

1.标题栏

标题栏在Power Query编辑器的顶部，从标题栏可以查看到当前操作的查询表的名称，如图1-23所示为"表1"查询表。在标题栏的左侧有一个快速访问工具栏按钮，该按钮主要是对快速访问工具栏按钮的位置以及功能区进行操作。单击该按钮，在弹出的下拉菜单中可以查看到有两个选项，分别是"在功能区下方显示"选项和"最小化功能区"选项。

如果选择"在功能区下方显示"选项即可将快速访问工具栏按钮移动到功能区下方显示。如果选择"最小化功能区"选项，即可将功能区隐藏，如图1-24所示。再次选择"最小化功能区"选项即可显示功能区。

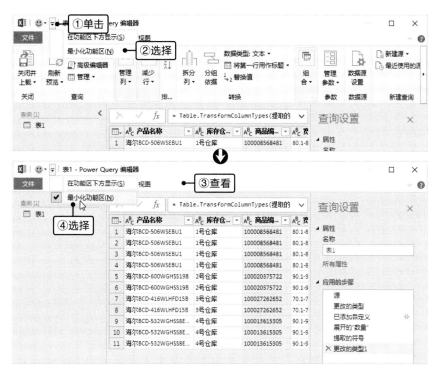

图1-24

在标题栏的右侧是三个控制按钮，分别是"最小化""还原"（或"最大化"）和"关闭"按钮，用于对Power Query编辑器窗口进行最小化、还原、最大化和关闭操作控制。

2.功能区

功能区即是Power Query编辑器的主要工具的集合区。它由五个选项卡构成，分别是"文件"选项卡、"主页"选项卡、"转换"选项卡、"添加列"选项卡和"视图"选项卡，不同的选项卡为一个大类工具的集合，各选项卡的具体说明见表1-1。

表 1-1 选项卡具体说明

选项卡	具体说明
文件	Power Query编辑器的"文件"选项卡与Excel的"文件"选项卡功能相似，也是集结了针对查询的常见命令，如"关闭并上载""选项和设置"等

选项卡	具体说明
主页	"主页"选项卡罗列了 Power Query 中比较常用的功能和命令，如关闭相关命令、查询相关命令、排序相关命令等
转换	"转换"选项卡中的命令主要用于在原有数据上进行的转换处理，例如对表格进行处理、对任意列进行处理、对文本列进行处理等
添加列	"添加列"选项卡从名称就可以了解到，使用该选项卡中的功能可以产生新列，虽然该选项卡中的有些功能的名称与"转换"选项卡有相同之处，但是二者的作用位置不一样，一个是在原数据列上执行，一个是在新列上执行
视图	"视图"选项卡中的工具主要是对 Power Query 编辑器的显示效果进行设置，例如隐藏或显示编辑栏、显示查询设置区域等

在每个选项卡中，通过不同的组将各类工具进行更详细的类别划分，如图1-25所示为"添加列"选项卡中的组。

图1-25

从图中可以看到，该选项卡包括四个组，分别是"常规"组、"从文本"组、"从数字"组和"从日期和时间"组。每个组中又是某种命令的归类，通过这种布局清晰、层次分明的功能分区，用户可以非常方便地查找需要使用的工具。

3.查询区

查询区也可以称为"查询"导航窗格，主要用于结构化显示所有的查询表，通过该区域还可以方便地对加载的查询表进行管理。

直接在查询表名称上右击，在弹出的快捷菜单中可以对查询表进行复制、删除、重命名、分组等操作，如图1-26所示。

在空白区域右击，在弹出的快捷菜单中可以新建查询、新建组、管理组等，如图1-27所示。

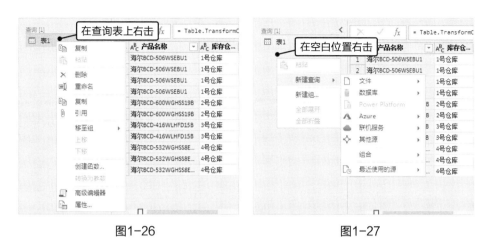

图1-26　　　　　　　　　　　　　图1-27

单击查询区右上角的"最小化导航窗格"按钮 < 可以折叠该区域，从而让编辑区最大化显示，如图1-28左所示。折叠的查询区显示为一个按钮，单击该按钮或该按钮上方的"扩展导航窗格"按钮 >，就可以展开查询区，如图1-28右所示。

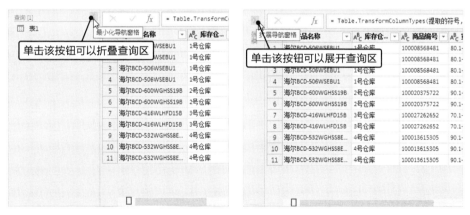

图1-28

4.编辑区

编辑区是Power Query编辑器中的主要区域，类似于Excel的工作表编辑区，是数据转换、合并查询、追加查询的主要操作区域。编辑区又由编辑栏和显示区两大部分组成，如图1-29所示。

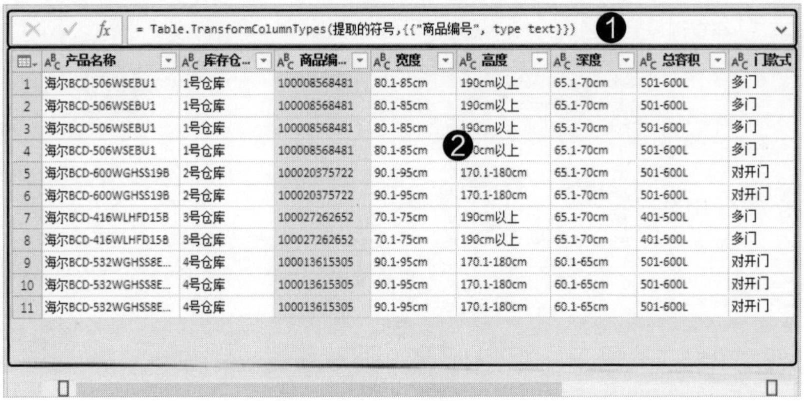

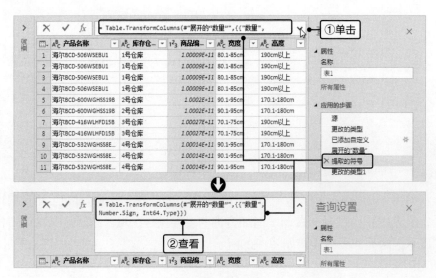

❶ 编辑栏　❷ 显示区

图1-29

● 编辑栏

操作Power Query的本质其实都是编写M公式来实现对数据的处理，每次操作程序都会生成一条M公式语句，在编辑栏中即可查看到这个语句，如果语句内容特别多，还可以单击右侧的"展开"按钮✓展开编辑栏。

如图1-30所示的编辑栏显示的是"提取的符号"操作对应的M公式语句，由于语句内容较多，单击"展开"按钮✓，在展开的编辑栏中可以查看完整的M公式语句。

图1-30

展开编辑栏后，"展开"按钮∨会变成"折叠"按钮∧，单击该按钮可以折叠显示编辑栏。

在编辑栏的左侧还有三个按钮，分别是"取消"按钮×"输入"按钮√和"添加步骤"按钮 ƒx，这三个按钮都是手动编写M公式代码时操作的功能按钮，其作用分别是撤销在编辑栏中输入的内容、确认在编辑栏中输入的内容、添加新的步骤。

● 显示区

在整个Power Query编辑器中，显示区是占据最大的区域，查询加载的数据都在这个区域显示。在该区域也有许多工具按钮，通过这些按钮可以方便地对表格、字段进行各种编辑操作。如图1-31所示分别展示的是显示区左上角用于操作整个查询表的表格编辑下拉菜单、用于调整所在列中数据格式的下拉菜单，以及用于控制记录筛选的筛选面板。

图1-31

5.设置区

设置区位于编辑区的右侧，也称为"查询设置"任务窗格，该区域有两个组成部分，分别是"属性"栏和"应用的步骤"列表框。

在"属性"栏的"名称"文本框中可以对当前的查询表名称进行重命名，也可以单击文本框下方的"所有属性"链接，在打开的"查询属性"对话框中对查询的属性进行更详细的设置，如图1-32所示。

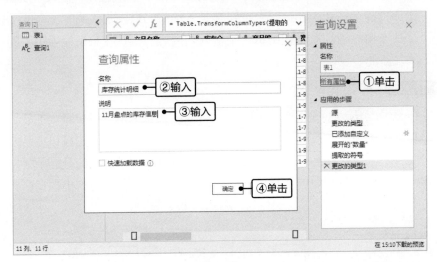

图1-32

在"应用的步骤"列表框中会详细记录在当前查询表上执行的每个步骤，每个执行步骤都对应一张数据预览表，同时对应一段M公式代码，选择不同的步骤，可以查看当前步骤的效果，如图1-33所示为查看"已添加自定义"步骤的数据预览表和M公式代码。

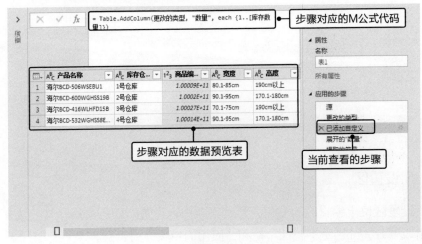

图1-33

在Power Query编辑器中没有撤销操作，只能通过该列表框执行退回操作，如果确定某个步骤是错误的，直接单击步骤左侧的"删除"按钮×删除该步骤即可。

需要注意的是，在Power Query编辑器里面执行的所有操作都是不可逆的，所以在删除步骤时要特别确认，一旦删除步骤后就不能恢复了，只能重做。

知识贴士 | 执行步骤标识说明

在Power Query编辑器中执行的操作，在"应用的步骤"列表框可以查看到，有的操作步骤选项右侧有"编辑"按钮❋，有的没有。如果步骤选项后面没有任何标识，此时要对该步骤的M代码进行编辑，只能通过编辑栏完成。如果步骤选项的右侧有"编辑"按钮❋，则该步骤除了可以通过编辑栏更改M代码，还可以单击该按钮，在打开的对话框中进行自定义编辑，如图1-34所示。

图1-34

6.状态栏

状态栏在Power Query编辑器的最下方，由两部分组成，左侧显示的是当前数据预览表的行列数，右侧显示的是打开查询表的时间。

第2章
打下基础：Power Query基本操作详讲

Power Query作为一个功能强大的数据清洗工具，它既可以完成Excel的数据转换，也可以完成Access的查询。但是要想学好它，必须要熟练掌握该工具的一些基本操作，如查询表中行/列的操作、查询表的行列互换、查询数据的编辑操作等。

知识要点

- 列的相关操作
- 行的相关操作
- 查询表行列转换
- 更改数据列的数据类型
- 在查询表中填充相同值
- 如何替换值和替换错误

2.1 查询表的基本操作

在Power Query编辑器中，编辑区作为编辑器中占据面积比较大的区域，是我们使用频率较高的地方，因此对于该区域中涉及的基本操作必须熟练。下面就针对一些常见的查询表基本操作进行相关介绍。

2.1.1 列的相关操作

在Power Query中，查询表是按照数据库表的模式进行设计的，因此，其中的行列更准确的称呼分别是记录和字段（或属性）。

但是对于大部分的Excel用户来说，他们已经对表格的行列形成了传统的认识，因此，在Power Query中，仍然以"行"表示记录，以"列"表示字段或属性。

下面我们就针对查询表中的列和行的相关操作进行具体介绍，首先来看列的相关操作。

和一般的Excel表格一样，Power Query中查询表的列也有选择、删除、重命名、移动和复制等操作，这也是操作查询表的基本操作。

1.选择列

选择列是在对某列数据进行操作前，首先要执行的操作，与Excel表格的列的选择一样，在Power Query中，要选择查询表中的某列数据，直接用鼠标左键单击该列对应的字段名称即可。

如果要选择不连续的多列数据，可以先选择一列数据后，按住【Ctrl】键不放，再单击其他列的字段名称，即可选择不连续的多列数据，如图2-1所示。

如果要选择连续的多列数据，可先选择一列数据后，按住【Shift】键不放，再单击连续选择的多列数据的最后一列的字段名称，即可选择这两列及其之间的所有列，如图2-2所示。

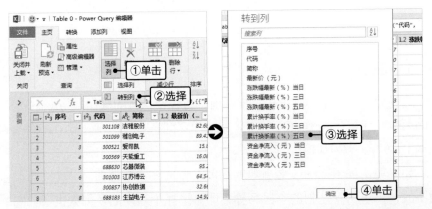

图2-1 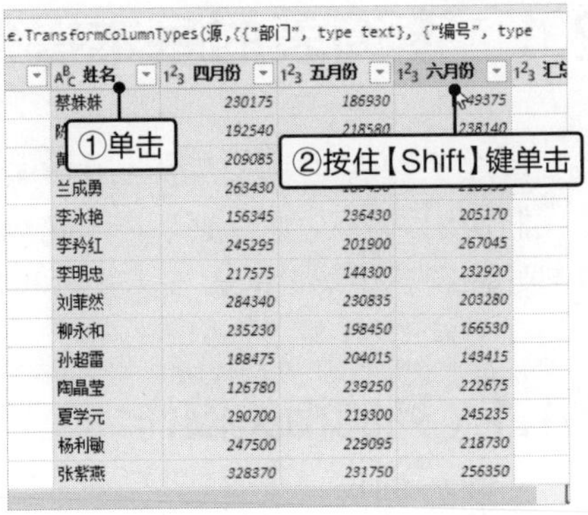　　　　　　　　　　　　　　图2-2

如果查询表中的字段太多，对于列的选择不好操作，此时可以通过转到列功能快速选择指定的列，其操作如下。

在"主页"选项卡"管理列"组中单击"选择列"按钮下方的下拉按钮，在弹出的下拉菜单中选择"转到列"命令，在打开的"转到列"对话框的列表框中选择列的字段名称（也可以在搜索文本框中搜索列的字段名称），单击"确定"按钮，如图2-3所示。

图2-3

程序自动关闭"转到列"对话框，并选择指定字段名称的列。需要说明的是，通过这种方法只能选择指定的一列数据，不能选择多列数据。

除了通过"主页"选项卡打开"转到列"对话框，还可以通过"视图"选项卡打开，其操作是：单击"视图"选项卡，在"列"组中直接单击"转到列"按钮即可，如图2-4所示。

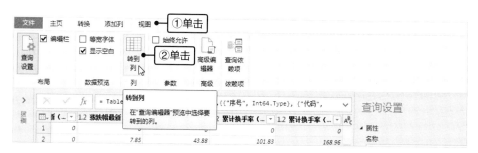

图2-4

2.删除列与恢复删除的列

默认情况下，Power Query都是将外部数据全部导入，如果导入的一些列的数据不需要，可以通过三种方法来删除具体讲解如下。

第一种方法是通过"删除列"菜单完成，其操作是：直接在查询表中选择要删除的列，单击"主页"选项卡"管理列"组中的"删除列"按钮下方的下拉按钮，在弹出的下拉列表中选择"删除列"选项即可删除当前列，如图2-5所示。如果选择"删除其他列"选项，程序自动保留当前选择的列，而将其他所有列全部删除。

第二种方法是通过快捷菜单完成，其操作是：选择要删除的列，在字段名上右击，在弹出的快捷菜单中选择"删除"命令即可将当前选择的列删除，如图2-6所示。

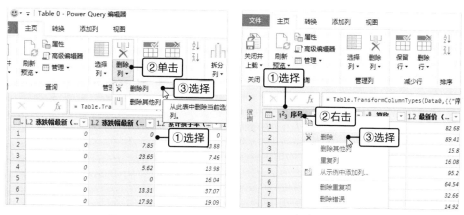

图2-5

图2-6

第三种方法是通过保留列的方式删除其他不保留的列，其操作是：选择任意列，单击"主页"选项卡"管理列"组中的"选择列"按钮，或者该按钮下方的下拉按钮，在弹出的下拉菜单中选择"选择列"命令，在打开的"选择列"对话框中取消选中"（选择所有列）"复选框，选中需要保留的列对应的复选框，单击"确定"按钮，在返回的查询表中即可查看到编辑区只显示了保留的列，其他列被删除，如图2-7所示。

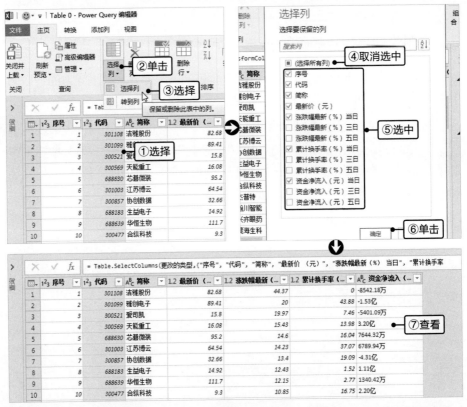

图2-7

在Power Query中，删除列的本质其实是将不需要的列隐藏起来不显示，而不是将其从表格中彻底清除。当需要再次使用被删除的列时，还可以将其恢复显示，其具体操作也有以下两种。

第一种方法是通过"选择列"对话框完成，其具体操作是：直接单击"主页"选项卡"管理列"组中的"选择列"按钮，打开"选择列"对话框，在其中选中"（选择所有列）"复选框，单击"确定"按钮即可将删除的列全部保留下来，即恢复显示被删除的列。

第二种方法是通过"查询设置"任务窗格完成，因为在Power Query中，所有的操作都会记录在"查询设置"任务窗格的"应用的步骤"列表框中，即使关闭编辑器和Excel工作簿，下次打开查询时，这些执行过的步骤仍然存在，此时只需要在其中删除已执行的"删除列"的操作步骤，即可将所有删除的列全部恢复显示，如图2-8所示。

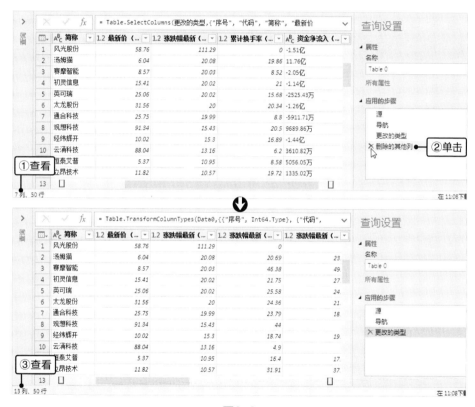

图2-8

3.重命名列

无论是外部导入的数据，还是从当前工作表中导入数据，Power Query都是按照原样导入的，为了更加便于识别各列数据，用户可以根据需要对查询表中的列的字段名称进行重命名，下面通过具体的实例讲解其操作方法。这里从打开查询开始演示，并且操作完后上载编辑结果，由于每次打开查询和上载的操作都相似，在本书后面的案例中将省略打开查询和上载查询的演示，直接在Power Query编辑器中演示相关知识的具体操作。

实例解析

对当日涨跌幅排行榜查询的列字段进行重命名

步骤01 在目标工作簿文件中切换到查询表中，选择任意查询单元格，单击"查询工具 查询"选项卡，在"编辑"组中单击"编辑"按钮，如图2-9所示。

图2-9

步骤02 程序自动在Power Query中打开该查询，选择"代码"列，单击"转换"选项卡，在"任意列"组中单击"重命名"按钮，如图2-10所示。

步骤03 程序自动进入到字段名称的可编辑状态，在"代码"文本前面输入"股票"文本，按【Enter】键或者选择其他任意查询结果单元格退出可编辑状态，完成字段的重命名操作，如图2-11所示。

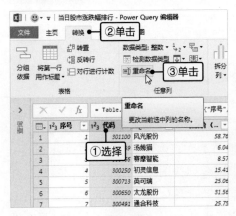

图2-10

图2-11

步骤04 选择要重命名的列，在字段名称上右击，在弹出的快捷菜单中选择"重命名"命令，如图2-12所示。

步骤05 程序自动进入到字段名称的可编辑状态，在其中先删除"简称"文本，然后输入"股票名称"文本，按【Enter】键退出可编辑状态，完成字段的重命名操作，如图2-13所示。

图2-12　　　　　　　　　　　　图2-13

步骤06 完成编辑操作后，单击"主页"选项卡，在"关闭"组中单击"关闭并上载"按钮下方的下拉按钮，选择"关闭并上载"命令，如图2-14所示。

步骤07 程序自动将编辑查询后的结果进行上载，并关闭Power Query，在返回的工作簿中即可查看到查询结果表中对应的表头被重命名了，如图2-15所示。

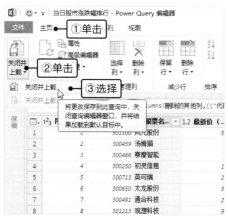

图2-14　　　　　　　　　　　　图2-15

知识贴士 | 手动调整查询表的列宽

通过上一个案例可以看到，如果字段的名称太长，在Power Query中是不能完全显示的，会用"..."替代，但是这不利于用户对查询表数据的查阅，此时也可以像Excel中那样，对字段的列宽进行调整。其具体操作如下：直接将鼠标光标指向列字段名称右侧的分隔线上，待鼠标光标变为横向的双向箭头，按下鼠标左键不放，向右拖动鼠标即可调整列宽，如图2-16所示。

需要说明的是，由于Power Query就是一个数据清洗的"中间加工厂"，因此这里的调整列宽只是临时调整，因此在"查询设置"任务窗格中的"应用的步骤"列表框中不会记录执行步骤，关闭Power Query后，再次打开该查询时，字段列又恢复了默认的列宽显示。

图2-16

4.移动列

移动列是指将数据列从当前位置移动到其他任何位置。整个查询表的列总数保持不变。其移动方法有两种，下面分别介绍。

第一种方法是通过拖动字段名称完成的，其具体操作是：选择要移动位置的列后，按住鼠标左键不放，拖动字段名称到任意要移动到的位置，如图2-17所示。在目标位置释放鼠标左键即可完成移动操作。

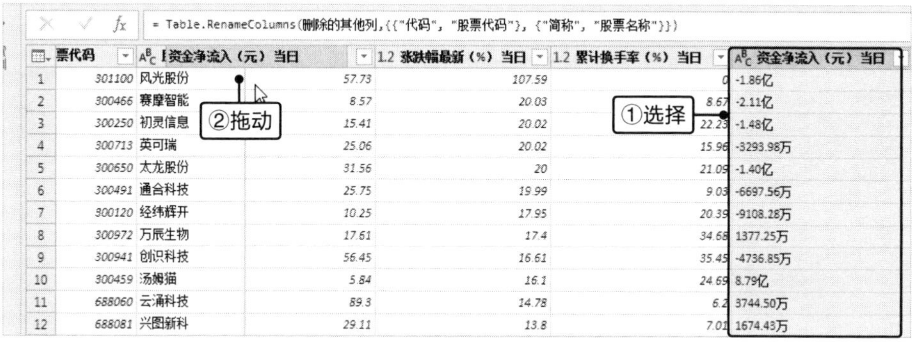

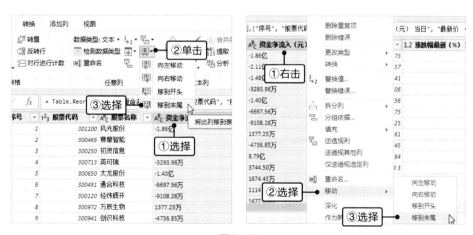

图2-17

第二种方法是通过菜单命令完成的，其具体操作是：选择要移动位置的列，在"转换"选项卡的"任意列"组中单击"移动"下拉按钮，在弹出的下拉菜单中选择对应的命令可以将其移动到指定的位置，如图2-18左所示。或者在选择的列的字段名称上右击，在弹出的快捷菜单中选择"移动"命令，在弹出的子菜单中也可以选择相应的命令将选择的列移动到指定的位置，如图2-18右所示。

图2-18

5.复制列

复制列就是根据指定的列创建相同内容的列。其操作方法是：选择要复制的列，单击"添加列"选项卡，在"常规"组中单击"重复列"按钮，如图2-19左所示。或者选择列后在字段名称上右击，在弹出的快捷菜单中选择"重复列"命令，如图2-19右所示。

图2-19

稍后，程序自动在查询表的最后添加相同的数据列，且字段名称以"原字段名称-复制"的格式显示，如图2-20所示。

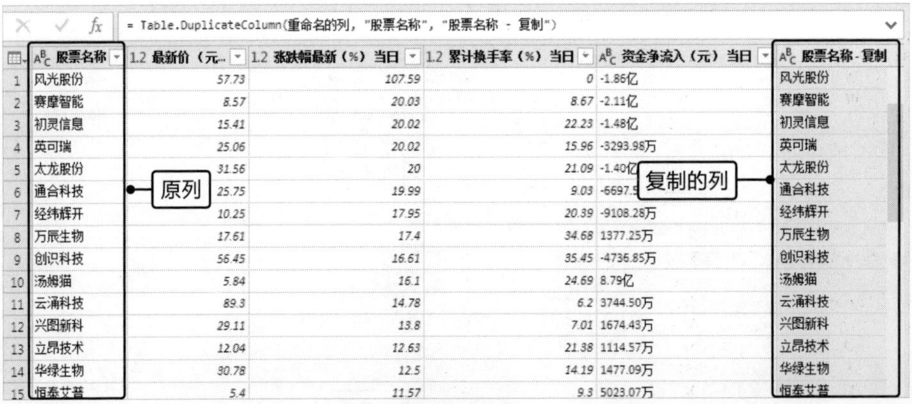

图2-20

2.1.2 行的相关操作

在Power Query中，对行的管理主要包括选择行、保留行、删除行、排序行、筛选行和反转行，下面分别介绍。

1.选择行

选择行的操作很简单，与Excel一样直接单击每行对应的行号即可，选择某行记录后，在编辑区的下方会增加一个预览区，该区域可以显示该条记录的数据结构，即选择行的记录每个字段对应的值，如图2-21所示。

对于数据结构预览区域的大小，用户还可以根据字段的多少进行调整，直接将鼠标光标移动到查询表与结构预览区之间的分隔线上，当鼠标光标变为上下双向箭头时，按住鼠标左键不放，上下拖动鼠标光标即可增大或缩小数据结构预览区的大小，如图2-22所示。

图2-21　　　　　　　　　　　　　　图2-22

同样的，该结构区域的大小调整也是临时的，下次再次打开该查询时，结构区域又恢复到默认大小。此外，在Power Query中，一次只能选择一行记录，该操作在字段比较多的查询表中查看指定记录时非常方便。

2.减少行

减少行就是根据需要对查询表的记录进行减少操作。在Power Query中，可以通过保留行和删除行来达到减少行的目的。

保留行就是将指定的行保留下来，删除其他的行；删除行就是将指定的行删除，保留其他的行；二者是相反的操作，各自包含的命令选项如图2-23所示。

图2-23

下面对保留行和删除行各自的命令选项的作用进行说明，具体如表2-1所示。

表2-1　命令选项的功能说明

功能	命令选项	具体说明
保留行	保留最前面几行	执行该命令选项后，在打开的对话框中只有一个"行数"参数，用于指定要保留的最前面几行，其他行的记录删除
	保留最后几行	执行该命令选项后，在打开的对话框中只有一个"行数"参数，用于指定要保留的最后几行，其他行的记录删除
	保留行的范围	执行该命令选项后，在打开的对话框中有"首行"和"行数"两个参数，其中，"首行"参数用于指定要保留的起始行的位置，"行数"参数用于指定要保留的行数，例如，将首行设置为10，行数设置为15，表示从第10行开始，连续的15行记录都被保留，其他行的记录都删除
	保留重复值	指定列后执行该命令选项，程序自动将指定列中重复的项所在的行保留下来，不重复的项所在的行全部删除。如果不指定列，则将所有字段包含在内，判断是否存在重复记录
	保留错误	指定列后执行该命令选项，程序自动判断当前列中是否存在错误值，并将存在错误值的记录所在的行保留下来，没有错误值的记录所在的行被删除。如果不指定列，则将所有字段包含在内，判断是否存在每个字段为错误值的行，然后将其保留
删除行	删除最前面几行	执行该命令选项后，在打开的对话框中只有一个"行数"参数，该参数用于指定要删除的最前面几行，其他行的记录保留

功能	命令选项	具体说明
删除行	删除最后几行	执行该命令选项后，在打开的对话框中只有一个"行数"参数，用于指定要删除的最后几行，其他行的记录保留
	删除间隔行	执行该命令选项后，在打开的对话框中有"要删除的第一行""要删除的行数"和"要保留的行数"三个参数，其中，"要删除的第一行"参数用于指定从第几行开始删除，"要删除的行数"参数用于指定每次删除几行，"要保留的行数"参数用于指定间隔多少行后再执行删除行操作，例如，分别将这三个参数依次设置为"2""1""3"，则表示从第二行开始删除，每次删除一行，之后间隔三行后再删除一行
	删除重复项	指定列后执行该命令选项，程序自动将指定列中重复的项所在的行删除，不重项的行全部保留。如果不指定列，则将所有字段包含在内，判断是否存在重复记录
	删除空行	执行该命令选项后，程序自动判断查询表中是否存在空行，如果存在，则将其删除
	删除错误	指定列后执行该命令选项，程序自动将指定列中的错误值所在的行删除，没有错误值的行全部保留。如果不指定列，则将所有字段包含在内，判断是否存在每个字段为错误值的行，然后将其删除

知识贴士 | 恢复减少的行

在Power Query中，通过保留行和删除行功能减少的行，都是被暂时隐藏起来没有显示，而不是彻底从查询表中删除。

如果要恢复显示减少的行，直接在"查询设置"任务窗格的"应用的步骤"列表框中删除对应执行的保留行或删除行的步骤即可。

下面将在"面试成绩"查询中查看销售部和后勤部应聘者的面试成绩，对于存在错误成绩的记录不查询，以此为例具体演示在Power Query中减少行的相关操作。

实例解析

查阅销售部和后勤部应聘者的面试成绩

步骤01 在Power Query中打开面试成绩查询，因为总成绩和平均成绩是通过公式计算的，因此可能存在错误值，这里首先要排除有错误的行，选择"总成绩"和"平均成绩"列，单击"主页"选项卡"减少行"组中的"删除行"下拉按钮，在弹出的下拉列表中选择"删除错误"选项，如图2-24所示。程序自动判断这两列数据中是否存在错误值，并将错误值所在的行删除，其他没有错误值的行被保留。

步骤02 在本例中，销售部和后勤部应聘者的面试成绩是靠前的5条数据，因此这里在"减少行"组中单击"保留行"下拉按钮，在弹出的下拉列表中选择"保留最前面几行"命令，如图2-25所示。

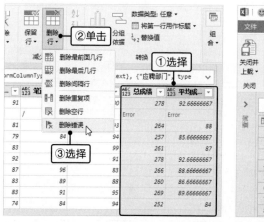

图2-24

图2-25

步骤03 在打开的"保留最前面几行"对话框中的"行数"文本框中输入"5"，单击"确定"按钮，如图2-26所示。

图2-26

步骤04 程序自动将查询表中的前5行数据保留下来，并删除之后的所有记录，如图2-27所示。

图2-27

3.排序行

在Power Query中，系统提供了排序功能，通过该功能可以方便地对查询表的数据进行排序操作，从而按需查看查询结果。

Power Query中的排序功能相对于Excel而言，没有那么复杂，它只有升序和降序两个功能。用户直接单击"主页"选项卡"排序"组中的按钮，或者通过查询表字段右侧的下拉按钮执行排序操作。

需要特别说明的是，在Power Query中，程序默认将最先选择的列作为排序的主要关键字，然后依次为次要关键字的列。

下面通过具体的实例讲解在Power Query中对数据进行排序的相关操作。

实例解析

在培训考核结果统计查询中根据考核成绩和考核结果排序

步骤01 在Power Query中打开培训考核结果统计查询，选择"考核成绩"列，在"主页"选项卡"排序"组中单击"降序排序"按钮，如图2-28所示。程序自动按照考试成绩数据从大到小进行排序。

步骤02 在查询表中单击"考核结果"字段右侧的下拉按钮，程序会弹出一个筛选器面板，在其中选择"降序排序"选项，如图2-29所示。

图2-28　　　　　　　　　　　　　　　　　　图2-29

步骤03 程序自动在考核成绩降序排序的基础上，再按照考核结果的降序排序继续排列查询结果，其最终结果如图2-30所示。（注意：无论执行多少次排序操作，在"应用的步骤"列表框中都只记录一次，如果删除该操作，对查询做的所有排序操作都将被清除。）

图2-30

4.筛选行

筛选行就是将符合条件的行的记录显示出来，不符合条件的数据记录被隐藏，它与Excel中筛选数据的作用是一样的。

直接单击字段右侧的下拉按钮就会弹出筛选器面板，在其中选择对应的复选框就是要筛选的行。

若要对记录设置更多的筛选条件，可以通过对应的筛选器命令来完成，不同的数据类型，其对应的筛选器子菜单的内容也不同，如图2-31所示。

图2-31

选择不同的子菜单后，会打开相应的设置对话框，在其中即可设置对应的筛选条件。

> **知识贴士｜"删除空"命令的作用**
>
> 在筛选器面板中，有一个"删除空"命令，该命令用于判断当前列的单元格中是否存在空值，即"null"值，如果存在，则将包含空值的所在行的记录删除，而其他行的记录则保留。

下面通过在培训考核结果统计查询中查阅产品检验培训中考核成绩在85分以上的信息为例，讲解在Power Query中筛选行的相关操作。

实例解析

查阅产品检验培训中考核成绩在 85 分以上的信息

步骤01 在Power Query中打开培训考核结果统计查询，单击"培训班名称"字段右侧的下拉按钮，在弹出的筛选器面板中取消选中"（全选）"复选框，如图2-32所示。

⚡ **步骤02** 选中需要筛选的数据记录对应的复选框，这里选中"产品检验"复选框，单击"确定"按钮，如图2-33所示。

图2-32　　　　　　　　　　　　　　图2-33

⚡ **步骤03** 程序自动将培训班名称为"产品检验"的所有员工的考核信息显示出来，将其他培训班名称的员工信息记录隐藏起来，其筛选结果如图2-34所示。

	ABC 员工编号	ABC 姓名	ABC 培训编号	ABC 培训班名称	1²₃ 考核成绩	ABC 考核结果
1	GT000025	李丹	GT-SC-2022-T0002	产品检验	85	良好
2	GT000026	杨陶	GT-SC-2022-T0002	产品检验	75	合格
3	GT000027	刘小明	GT-SC-2022-T0002	产品检验	74	合格
4	GT000028	张嘉	GT-SC-2022-T0002	产品检验	92	优秀
5	GT000029	张炜	GT-SC-2022-T0002	产品检验	99	优秀
6	GT000030	李鹏	GT-SC-2022-T0002	产品检验	91	优秀
7	GT000031	杨娟	GT-SC-2022-T0001	产品检验	94	优秀
8	GT000032	马英	GT-SC-2022-T0001	产品检验	67	不合格
9	GT000033	周晓红	GT-SC-2022-T0001	产品检验	50	不合格
10	GT000034	薛敏	GT-SC-2022-T0001	产品检验	80	良好

图2-34

⚡ **步骤04** 单击"考核成绩"字段右侧的下拉按钮，在弹出的筛选器面板中选择"数字筛选器"命令，在其子菜单中选择"大于或等于"选项，如图2-35所示。

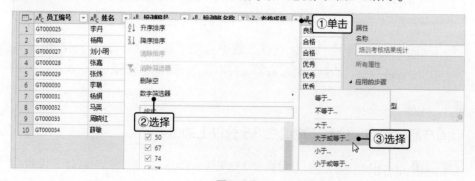

图2-35

步骤05　在打开的"筛选行"对话框中的"在'考核成绩'中保留行"栏中的值下拉列表框中输入"85"，单击"确定"按钮，如图2-36所示。

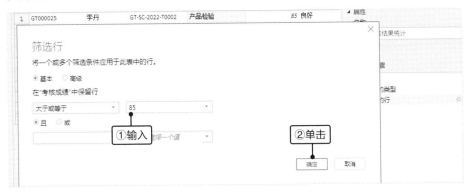

图2-36

步骤06　在返回的Power Query界面中即可查看到，程序自动在产品检验培训班名称结果中筛选出了考核成绩在85分以上的员工考核信息，如图2-37所示。

图2-37

> **知识贴士 | 取消筛选操作**
>
> 在Power Query中，除了可以在"查询设置"任务窗格的"应用的步骤"列表框中删除筛选步骤，实现取消筛选操作以外，还可以在筛选器面板中选择"清除筛选器"命令完成取消筛选操作。

5.反转行

在记录数据时都是逐笔登记的。但是有时候需要按照记录的倒叙来查阅数据，如果此时表格中有时间，直接对时间进行倒叙排序即可查阅。如果没有时间字段，在Excel中就需要借助辅助列来进行。而在Power Query中，直接使用反转行功能即可一键完成查询表记录行的顺序倒置操作。

例如，在商品订单查询中，直接选择任意列，单击"转换"选项卡"表格"组中的"反转行"按钮，程序自动将查询表中的所有记录按照录入的倒叙顺序进行排列，即原来的最后一行数据变为第一行数据，效果如图2-38所示。

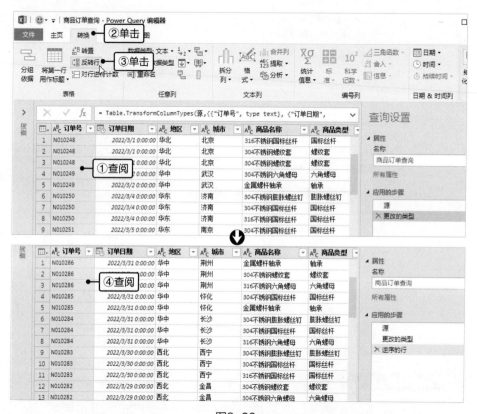

图2-38

2.1.3　查询表行列转换

在Power Query中，程序提供了转置功能，通过该功能可以方便地对表格的行列进行转换，从而更灵活地处理和分析查询结果。

但是，Power Query中的转置功能是将第一行记录转置为首列数据，而将首列数据转置为第一行记录。

如图2-39所示为将上图直接转置得到的效果。

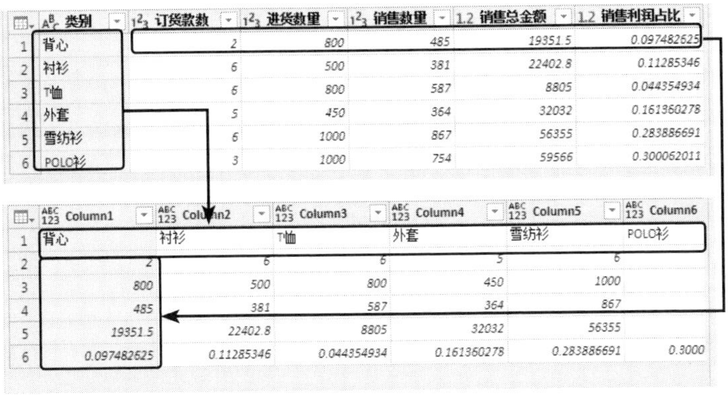

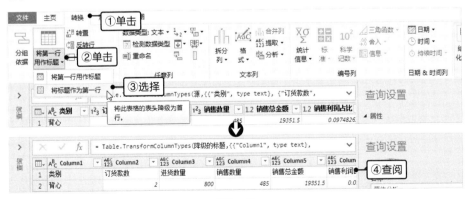

图2-39

很显然，这里的转置并符合实际的转置要求，要想将原来的字段作为转置后的首列，原来的首列数据作为转置后的字段，在转置过程中需要执行标题的降级与升级操作。下面通过具体的实例来讲解，其具体操作步骤如下。

实例解析

转置查阅营收分析数据

步骤01 在Power Query中打开营收分析查询，直接单击"转换"选项卡"表格"组的"将第一行用作标题"按钮下方的下拉按钮，在弹出的下拉列表中选择"将标题作为第一行"选项，将标题降级显示为第一行记录，同时程序自动添加默认的字段名称，如图2-40所示。

图2-40

步骤02 单击"表格"组中的"转置"按钮，此时程序自动将首行记录和首列字段的值进行互换，如图2-41所示。

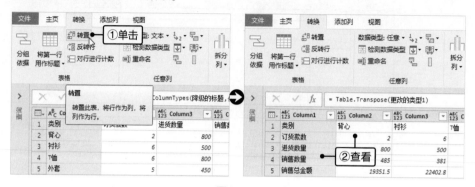

图2-41

步骤03 单击"转换"选项卡"表格"组的"将第一行用作标题"按钮下方的下拉按钮，在弹出的下拉列表中选择"将第一行用作标题"选项，将标题升级显示为标题，同时程序自动删除先前添加的字段名称，从而完成整个表格的转置操作，其最终效果如图2-42所示。

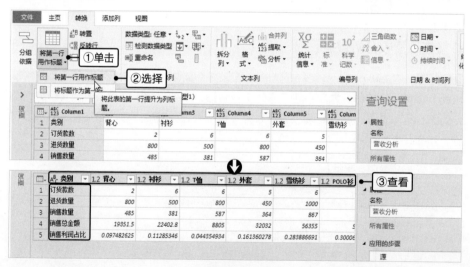

图2-42

> **知识贴士｜查询表格标题升降级操作的其他方法**
>
> 在Power Query中，对于标题的降级和升级操作，除了能通过"转换"选项卡实现，还可以通过"主页"选项卡的"转换"组实现，如图2-43所示。

图2-43

2.2 查询表中数据的编辑操作

虽然Power Query只是数据清洗的加工厂，但是为了让查询结果更加直观，也可以在其中对数据进行编辑操作，如更改数据类型、填充值、替换值等。

2.2.1 更改数据列的数据类型

默认情况下，在Power Query中创建查询后，程序会自动执行一次"更改的类型"步骤，将数据源中的数据以最贴近实际的数据格式来显示，如图2-44所示。

图2-44

但是，即便如此，有些格式仍然不符合实际显示需求，例如日期数据自动显示为日期+时间，金额数据自动显示为小数。

此时，用户可以根据实际情况对查询表中的数据的类型进行更改。其具体的更改方式有三种，分别是根据"主页"选项卡"转换"组的"数据类型"下拉列表、"转换"选项卡"任意列"组的"数据类型"下拉列表以及字段名称的"数据类型转换"按钮。

前面两种方法是直接在下拉列表中选择需要的数据类型进行更改，第三种方法除了直接选择数据类型选项更改数据类型以外，还可以自定义数据类型。下面通过具体的实例讲解相关的操作。

实例解析

在商品订单查询中更改数据的显示格式

步骤01 在Power Query中打开商品订单查询，选择"订单日期"列，在"主页"选项卡"转换"组中单击"数据类型"下拉按钮，在弹出的下拉列表中选择"日期"命令，如图2-45所示。

步骤02 在打开的"更改列类型"对话框中会提示当前所选列已经具有现有的类型转换（即当前选择的列已经执行过日期格式的转换），是否要替换现有的转换，单击"添加新步骤"按钮，如图2-46所示。（如果单击"替换当前转换"按钮，则更改日期的步骤将替换创建查询时执行的"更改的类型"步骤。）

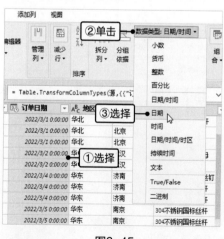

图2-45

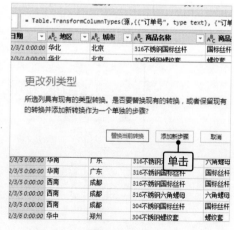

图2-46

步骤03 程序自动关闭对话框并将订单日期列的数据显示为日期格式，同时在"查询设置"任务窗格的"应用的步骤"列表框中可以查看到程序自动添加了一个"更改的类型1"步骤，如图2-47所示。

图2-47

步骤04 选择"单价字段"列，单击该字段名称左侧的"数据类型转换"按钮，在弹出的下拉列表中选择"使用区域设置"命令，如图2-48所示。

步骤05 在打开的"使用区域设置更改类型"对话框中单击"数据类型"下拉列表框，在弹出的下拉列表中选择"货币"选项，如图2-49所示。

图2-48

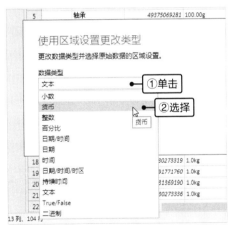

图2-49

步骤06 在"区域设置"下拉列表框中选择"中文(简体，中国)"选项，此时程序自动在该下拉列表框下方显示数据在应用当前设置的数据类型后的效果，确认设置后单击"确定"按钮，如图2-50所示。程序自动将查询表中的单价数据以设置的货币格式进行显示。

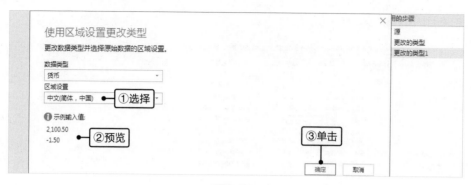

图2-50

步骤07 选择"折扣字段"列，单击"转换"选项卡，在"任意列"组中单击"数据类型"下拉按钮，在弹出的下拉列表中选择"百分比"命令，如图2-51所示。在打开的"更改列类型"对话框中单击"添加新步骤"按钮即可完成折扣列数据类型的更改操作。

步骤08 选择"金额"字段所在的列，重复步骤04～步骤06的操作，将金额数据更改为指定的货币格式效果，如图2-52所示。

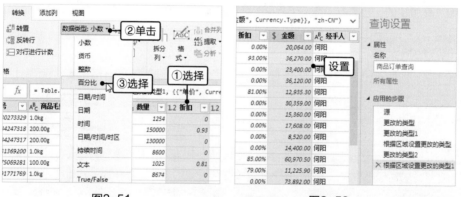

图2-51   图2-52

在Power Query中，也可以按住【Ctrl】键或【Shift】键选择不连续或连续多列后，按键不放的同时在"数据类型"下拉列表框中选择数据类型，可以快速对选择的列进行数据类型的更改。

2.2.2 在查询表中填充相同值

有些工作人员在制作表格时，喜欢使用合并单元格，这样表格看起来更清晰，但是这些合并单元格Excel是不认识的，会自动识别合并单元格的第一个单元格有数据，而其他单元格都是空值。

在Power Query中，对于这种合并单元格，程序在导入数据时就会自动将合并单元格拆分，则导入Power Query中的查询表出现null值，如图2-53所示。

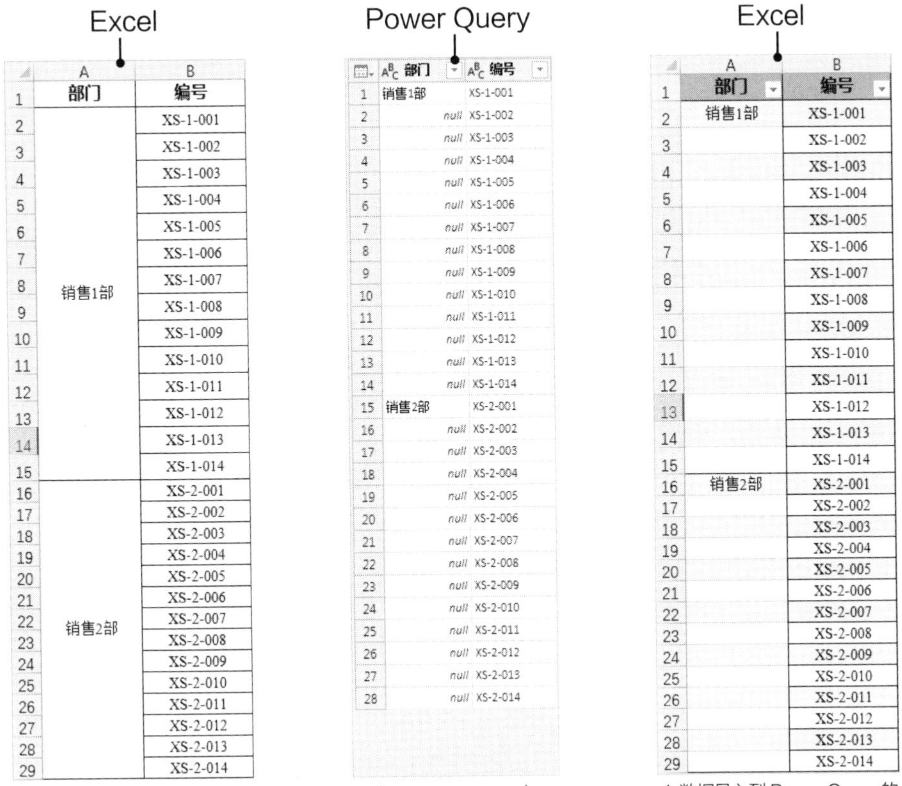

▲利用合并单元格制作的数据源表。　　▲在 Power Query 中显示的数据效果。　　▲数据导入到 Power Query 的同时数据源自动拆分合并单元格。

图2-53

在查询表中显示null值，会造成对数据的误解，此时可以通过程序提供的填充功能处理null值的显示。下面通过具体实例讲解相关操作。

实例解析

在部门销售业绩统计查询中处理 null 值

步骤01 在Power Query中打开部门销售业绩统计查询，选择"部门"列，单击"转换"选项卡，在"任意列"组中单击"填充"下拉按钮（或者在字段名称上右击，在弹出的快捷菜单中选择"填充"命令），在弹出的下拉列表中选择"向下"选项，如图2-54所示。

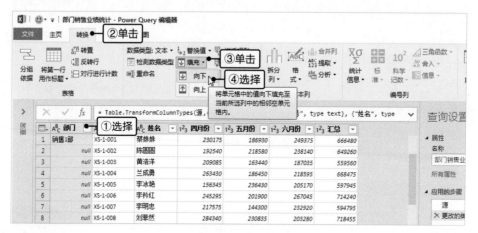

图2-54

步骤02 程序自动将第一条记录的"销售1部"部门数据向下进行填充，使得null值都被填充为"销售1部"，但是在填充完第14条记录的部门数据后，第15条记录为销售2部的销售数据，程序自动将"销售2部"数据向下填充至结束，如图2-55所示。

部门	编号	姓名	四月份	五月份	六月份	汇总
7 销售1部	XS-1-007	李明忠	217575	144300	232920	594795
8 销售1部	XS-1-008	刘菲然	284340	230835	203280	718455
9 销售1部	XS-1-009	柳永和	235230	198450	166530	600210
10 销售1部	XS-1-010	孙超雷	188475	204015	143415	535905
11 销售1部	XS-1-011	陶莹	126780	239250	222675	588705
12 销售1部	XS-1-012	夏学元	290700	219300	245235	755235
13 销售1部	XS-1-013	杨利敏	247500	229095	218730	695325
14 销售1部	张紫燕		328430	231750	256350	816470
15 销售2部	杨娟		146460	255669	279033	681162
16 销售2部	XS-2-002	张丽丽	128165	283579	202936	614680
17 销售2部	XS-2-003	黄文莉	271533	224584	153753	649870
18 销售2部	XS-2-004	李伦香	151070	169705	187947	508722
19 销售2部	XS-2-005	周小红	242475	199921	131192	573588

图2-55

2.2.3 如何替换值和替换错误

在Power Query中，用户可以根据需要对指定列中的值和错误值进行查找并替换。

● 替换值

替换值可以模糊查找替换，也可以精确查找替换。

如果所在列的值为符号或者数值数据，在"替换值"对话框中只能设置"要查找的值"和"替换为"参数对其进行精确查找替换。

如果所在列的值为文本数据，在"替换值"对话框中会有一个高级选项，如图2-56所示。展开该面板，在其中选中"单元格匹配"复选框就是精确替换，取消选中该复选框表示模糊查找替换。另外，选中"使用特殊字符替换"复选框后还会激活"插入特殊字符"下拉按钮，在其中可设置要替换为的特殊字符。

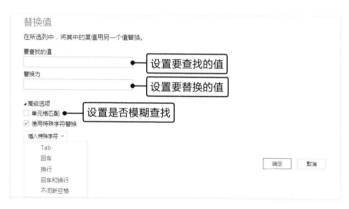

图2-56

● 替换错误

替换错误即对查询表中的错误结果单元格用指定的数据进行替换。

下面通过具体的实例讲解替换值和替换错误的各种操作。

实例解析

在面试成绩查询中完成指定值的替换

步骤01 在Power Query中打开面试成绩查询，选择"应聘部门"列，在"主页"选项卡"转换"组中单击"替换值"按钮，如图2-57所示。

步骤02 在打开的"替换值"对话框的"要查找的值"文本框中输入"部"文本，在"替换为"文本框中输入"部门"文本，如图2-58所示。单击"确定"按钮关闭对话框，程序自动在应聘部门中进行模糊查找，并将所有部门中的"部"文本全部替换为"部门"。

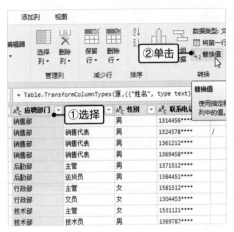

图2-57

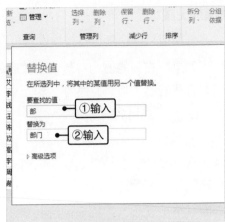

图2-58

步骤03 选择"面试成绩""笔试成绩"和"上机操作成绩"列,单击"转换"选项卡,在"任意列"组中单击"替换值"按钮,或者单击该按钮右侧的下拉按钮,在弹出的下拉菜单中选择"替换值"命令,如图2-59所示。

步骤04 在打开的"替换值"对话框的"要查找的值"文本框中输入"/"符号,在"替换为"文本框中输入"未考试"文本,如图2-60所示。单击"确定"按钮关闭对话框,程序自动在选择的列中进行精确查找,并将所有列中单元格值为"/"符号的单元格全部替换为"未考试"。

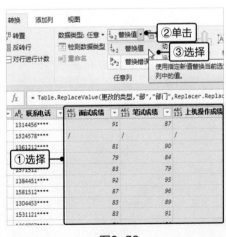

图2-59

图2-60

步骤05 选择"总成绩"和"平均成绩"列,在"转换"选项卡"任意列"组中单

击"替换值"按钮右侧的下拉按钮，在弹出的下拉菜单中选择"替换错误"命令，如
图2-61所示。

步骤06 在打开的"替换错误"对话框中的"值"文本框中输入需要替换的数据，
这里输入"0"文本，如图2-62所示。单击"确定"按钮关闭对话框。

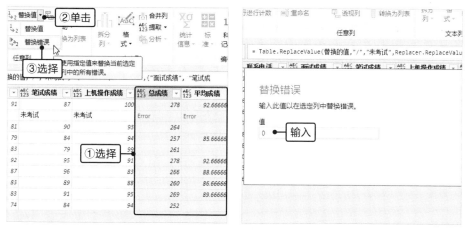

图2-61　　　　　　　　　　　　　　　　　图2-62

步骤07 程序自动精确查找选择列中存在错误值的单元格，并用"0"进行替换，其
最终的效果如图2-63所示。

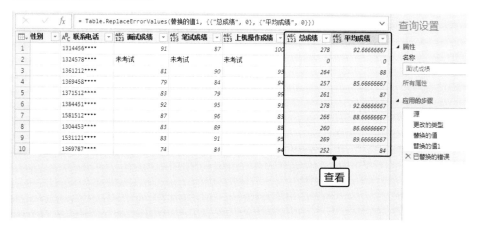

图2-63

第3章
基本处理：Power Query数据清洗实战

学习目标

通过前面章节内容的学习，我们已经对Power Query有了一定的认识，并且对其基本操作也进行了初步掌握。从本章开始，将进入到数据清洗实战部分的学习，首先我们从基本的处理开始入手，具体涉及透视列与逆透视列操作，以及文本、数据和日期时间数据的基本处理方法。

知识要点

- 理解一维表和二维表
- 透视列操作
- 逆透视列操作
- 拆分数据列
- 批量添加前后缀
- 数字数据的统计处理
- 日期数据的处理
- 时间数据的处理

3.1 透视列与逆透视列

透视列和逆透视列是Power Query中非常重要的功能，它可以方便地实现从不同维度来查阅和分析数据。

3.1.1 理解一维表和二维表

在Power Query中，使用透视列和逆透视列功能就是让表格在一维表和二维表之间进行转换。这两种表格结构没有谁好谁坏的分别，理解清楚两种表格结构的差异后，在合适的场合下正确使用即可。

因此，在学习透视列和逆透视列功能之前，首先要来了解一下一维表和二维表。

1.一维表

一维表也常称为流水线表格，其最大的特点就是每个数据只有一个对应数值，每一列都是独立参数，整条信息通过列标题就可以很明确地表达出来。如图3-1所示为一维表。

姓名	考核项	成绩
张三	笔试成绩	80
张三	上机操作成绩	85
李四	笔试成绩	89
李四	上机操作成绩	94
王五	笔试成绩	91
王五	上机操作成绩	86

图3-1

从上图可以看到，每条记录就是一条完整的信息，因此这类表格更多是用来存储数据，比如库存表、清单多用这种结构。

在实际中，为了方便打印和浏览美观，很多人会把表格中的重复部分进行合并，得到图3-2所示的表格效果。

姓名	考核项	成绩
张三	笔试成绩	80
	上机操作成绩	85
李四	笔试成绩	89
	上机操作成绩	94
王五	笔试成绩	91
	上机操作成绩	86

图3-2

但是这种合并后的结构，只是外观格式相对美观，对数据清洗反而是一大障碍，会耗费多余时间和精力。

2.二维表

二维表格是一种关系型表格，该表格的数据区域中的值需要通过行和列两个维度来同时确定。如图3-3所示的表格就是二维表。

姓名	笔试成绩	上机操作成绩
张三	80	85
李四	89	94
王五	91	86

图3-3

这种表格结构可以让数据看起来更加直观，因此在汇报表中比较常见。

从以上的介绍可以总结出辨别一维表和二维表的简单方法：检查列字段名称是否有同类的。

例如，上面的二维表，其中列名：笔试成绩和上机操作成绩都是成绩，

属于同类的，也就是考核项，因此可以判断为二维表。而前面的一维表中的
列字段名称没有同类的，所以判断为一维表。

3.1.2 透视列操作

透视列的实质就是将一维表转化为二维表，具体转化原理如下：

①在一维表中指定二维表新列的字段名称来源。

②在一维表中指定二维表值区域的来源。（若转换的二维表的某些项在
一维表中没有值来源，则显示null值。）

透视列的过程用示意图展示如图3-4所示。

事物	属性	值
事物 1	属性 1	值 1
事物 1	属性 2	值 2
事物 1	属性 3	值 3
事物 2	属性 1	值 4
事物 2	属性 2	值 5
事物 2	属性 3	值 6

透视列 →

事物	属性 1	属性 2	属性 3
事物 1	值 1	值 2	值 3
事物 2	值 4	值 5	值 6

事物	属性	值
事物 1	属性 1	值 1
事物 2	属性 2	值 2
事物 3	属性 3	值 3
事物 4	属性 1	值 4
事物 5	属性 2	值 5
事物 6	属性 3	值 6

透视列 →

事物	属性 1	属性 2	属性 3
事物 1	值 1	null	null
事物 2	null	值 2	null
事物 3	null	null	值 3
事物 4	值 4	null	null
事物 5	null	值 5	null
事物 6	null	null	值 6

图3-4

下面通过具体的实例讲解在Power Query中透视列的具体操作与应用。

实例解析

按小组透视值班表

步骤01 在Power Query中打开12月上半月值班表查询，选择需要进行透视的列，这里选择"所在小组"列，单击"转换"选项卡，在"任意列"组中单击"透视列"按钮，如图3-5所示。（也可以选择字段列后在字段名称上右击，在弹出的快捷菜单中选择"透视列"命令。）

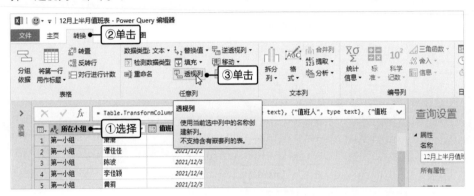

图3-5

步骤02 在打开的"透视列"对话框中可以查看到当前是对"所在小组"列进行透视，在"值列"下拉列表框中选择"值班人"选项，将其作为透视表的值区域来源，单击"高级选项"按钮展开高级选项，单击"聚合值函数"下拉列表框，在弹出的下拉列表中选择"不要聚合"选项，（该选项的意义是将文本数据原样显示出来，一般值列是文本类型的数据，都选择该聚合方式。）单击"确定"按钮，如图3-6所示。

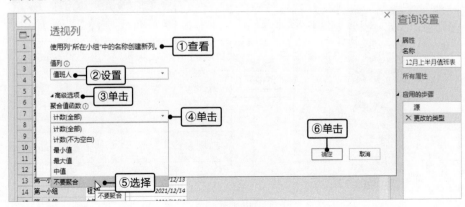

图3-6

步骤03 在返回的Power Query编辑区中即可查看到按"所在小组"列对值班人进行透视的最终效果，如图3-7所示。

图3-7

知识贴士 | 聚合值函数的说明

在进行透视列设置时，在展开的高级选项面板中的聚合值函数的作用是设置对应透视表值区域中数据的聚合方式。"聚合值函数"下拉列表框中的聚合方式选项根据"值列"参数对应数据的数据类型不同而显示不同。

如图3-8所示，"值列"参数设置为"总销量"，该数据列的数据类型为数值，其"聚合值函数"下拉列表框中就新增了"平均值"和"求和"两个选项。

图3-8

3.1.3 逆透视列操作

逆透视列操作是透视列操作的反向操作，即将二维表转化为一维表。在 Power Query中，逆透视列的方式有逆透视列、逆透视其他列和仅逆透视选定列三种，下面分别进行介绍。

1.逆透视列

逆透视列就是对选中的列进行逆透视，逆透视的具体原理如下：

①在二维表中指定多个要进行汇总的同类属性，将其作为一维表属性值的来源。

②程序自动根据属性值及值列的数据将二维表进行明细展示。

逆透视列的过程用示意图展示如图3-9所示。

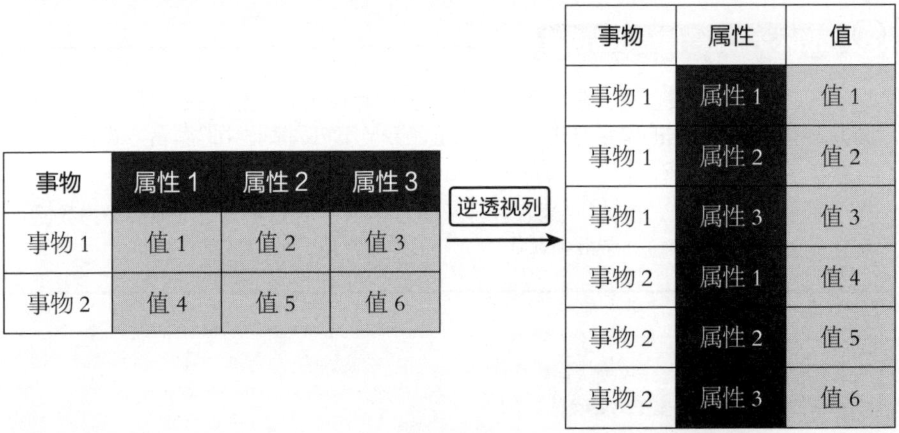

图3-9

下面通过具体的实例讲解在Power Query中逆透视列的具体操作与应用。

实例解析

查阅员工各季度销售额明细

步骤01　在Power Query中打开各季度销售额统计查询，选择需要进行逆透视的列，这里选择"第1季度"～"第4季度"列，单击"转换"选项卡，在"任意列"组中单击"逆透视列"按钮右侧的下拉按钮，在弹出的下拉菜单中选择"逆透视列"命令，如图3-10所示。（也可以直接单击"逆透视列"按钮，或者选择字段列后在字段名称上右击，在弹出的快捷菜单中选择"逆透视列"命令。）

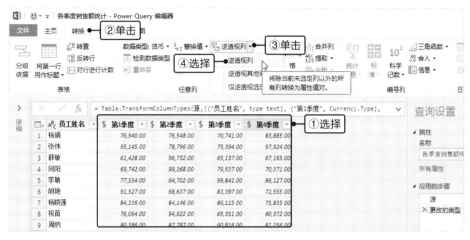

图3-10

步骤02 程序自动将选择的多列的字段名称作为属性值，且将员工按照不同的属性填列对应的销售额，完成从二维表到一维表的转换，即转换后的一维表中，每个员工对应4条记录，每一条记录都能完整地表达该员工在当前季度的销售额情况，其最终效果如图3-11所示。

图3-11

2.逆透视其他列

逆透视其他列是指对选定列以外的其他列进行透视，这种逆透视方式与逆透视列得到的效果是一样的。如上例，运用逆透视其他列方式进行逆透视的操作如下。

在各季度销售额统计查询中选择"员工姓名"列，在列字段名称上右击，在弹出的快捷菜单中选择"逆透视其他列"命令，如图3-12上所示，此时程序自动将"第1季度"~"第4季度"列进行逆透视操作，从图3-12下方的逆透视结果可以看到，得到的最终逆透视效果与图3-11所示的效果一样。

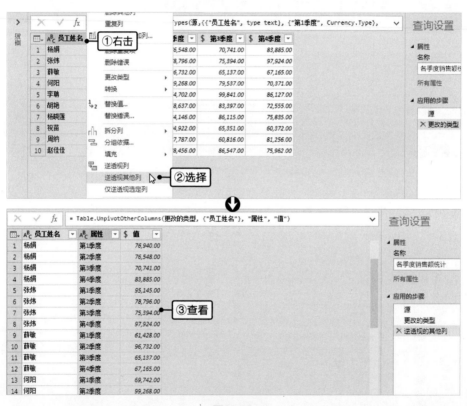

图3-12

到底选用哪种方式取决于需要进行逆透视的列的多少。

如果需要逆透视的列比较少，比较方便选择，而不需要逆透视的列比较多，则可以选择逆透视列方式进行逆透视列操作。

如果需要逆透视的列比较多，选择比较麻烦，而不需要逆透视的列比较少，则可以选择通过逆透视其他列方式进行逆透视列操作。

3.仅逆透视选定列

仅逆透视选定列，顾名思义就是对选定的列进行逆透视操作，而未选择的其他所有列均不执行逆透视操作。在不对数据源进行添加列之前，使用这种方式进行逆透视列与使用逆透视列方式进行逆透视列得到的效果也是一样的。但是如果对数据源进行增加列操作后，这两种逆透视列方式在显示结果上就有区别了。

如果是采用逆透视列方式对查询表进行逆透视列操作，当数据源增加新列后，新增的列则自动被归类到需要执行逆透视列的行列中。

以前面的案例为例，在数据源中新增一列序号列后，打开通过逆透视列方式对查询表进行逆透视列操作的查询，程序自动将新增的列进行逆透视，如图3-13所示。

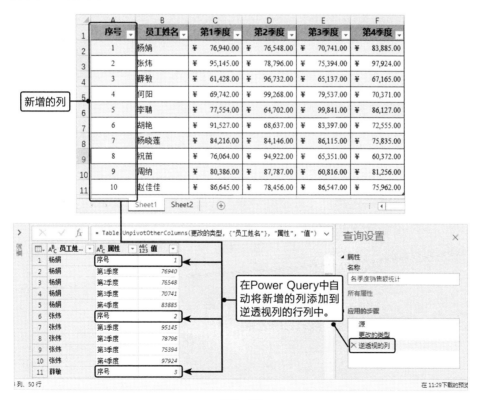

图3-13

如果是采用仅逆透视选定列方式对查询表进行逆透视列操作，当数据源增加新列后，新增的列不会被归类到需要执行逆透视列的行列中。

同样以前面的案例为例，在数据源中新增一列序号列后，打开通过仅逆透视选定列方式对查询表进行逆透视列操作的查询，新增的列不会进行逆透视，其效果如图3-14所示。

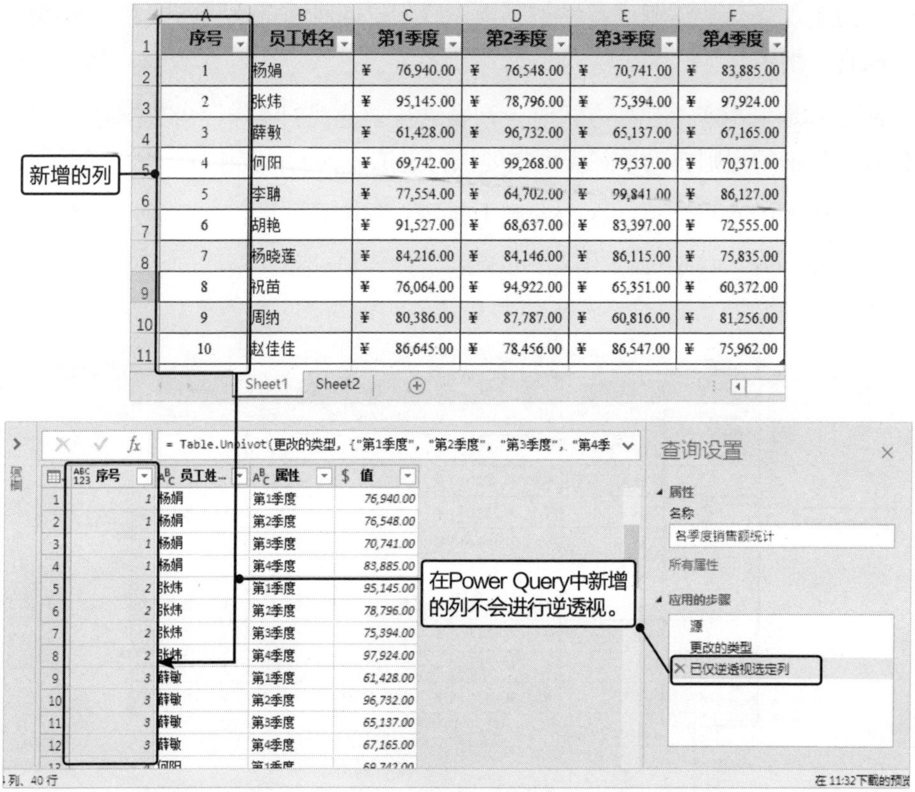

图3-14

3.2 文本列数据的处理

在前面的知识讲解中我们了解到，创建查询后，程序会自动执行"更改的类型"步骤，如果取消自动检测源数据的类型设置，导入到Power Query中的所有数据都是以文本格式显示的。

因此，文本数据是非常重要的数据类型，对文本列的数据处理操作也相对较多，这里介绍几种常见的文本数据处理方法。

3.2.1　拆分数据列

不是所有的数据源都是以标准的表格格式来记录数据，在有些格式的文本中，信息的记录是用各种分隔符进行分隔的，例如在记事本中记录数据信息，可能用制表位、逗号等符号来分隔各类数据，这些数据被导入到Power Query中后，程序自动将其识别为一列数据。

如图3-15所示为从记事本文件中导入的供应商资料数据，供应商资料用全角逗号分隔，导入到Power Query中后，所有数据以一列显示。（如果在记事本文件中以半角逗号分隔各类数据，是能够正常导入的。）

图3-15

此时可以借助Power Query提供的拆分列功能将导入的数据拆分为正常的表格显示。

直接在"主页"选项卡"转换"组中单击"拆分列"下拉按钮，或者在"转换"选项卡"文本列"组中单击"拆分列"下拉按钮，会弹出3-16左图所示的下拉菜单，也可以在列字段名称上右击，在弹出的快捷菜单中选择"拆分列"命令，会弹出图3-16右所示的子菜单，在其中选择相应的拆分依据命令即可。

图3-16

从图3-16可以查看到，Power Query提供了七种拆分列的方式，各种方式的具体作用如表3-1所示。

表3-1　Power Query 七种拆分列的方式

拆分方式	说　　明
按分隔符	指定分隔符，然后按分隔符将文本进行拆分列操作。如在"何阳 / 技术总监"文本中，分隔符为"/"，按该分隔符可以将文本拆分为"何阳"和"技术总监"两列
按字符数	指定字符数，然后按指定的字符数将文本进行拆分列操作，这种方式非常适合各列数据长度一致的文本拆分。如在"何晓梅销售部销售员"文本中，指定字符数为3，可以将文本拆分为"何晓梅""销售部"和"销售员"三列
按位置	指定拆分位置，然后按指定的索引起始位置（第一个字符的索引编号为0）将文本进行拆分列操作，这种方式比按字符数拆分更灵活。可以设置在任意位置进行拆分，如在"张婷婷"文本中，指定拆分位置为"0,1"（表示第一列数据从第一个字符开始，第二列数据从第二个字符开始），可以将文本拆分为"张"和"婷婷"两列
按照从小写到大写的转换	按小写到大写转变的位置为拆分位置对文本进行拆分操作。如在"BeijingShanghai"文本中，按照从小写到大写的转换方式，程序自动将文本拆分为"Beijing"和"Shanghai"两列
按照从大写到小写的转换	按大写到小写转变的位置为拆分位置对文本进行拆分操作。如在"BHxiaoshoubu"文本中，按照从大写到小写的转换方式，程序自动将文本拆分为"BH"和"xiaoshoubu"两列

续表

拆分方式	说　明
按照从数字到非数字的转换	按数字到非数字转变的位置为拆分位置对文本进行拆分操作。如在"北京010成都028"文本中，按照从数字到非数字的转换方式，程序自动将文本拆分为"北京010"和"成都028"两列
按照从非数字到数字的转换	按非数字到数字转变的位置为拆分位置对文本进行拆分操作。如在"北京010"文本中，按照从数字到非数字的转换方式，程序自动将文本拆分为"北京"和"010"两列

在如上的七种拆分方式中，前面三种方法是比较常见的，而且在执行这三个命令后，都会打开一个对话框，在其中设置拆分依据后执行拆分操作；后面四种方式是比较特殊的拆分方式，执行这几个命令后会自动完成文本数据的拆分。

下面通过具体的实例讲解在Power Query中拆分列的相关操作。

实例解析

将导入的供应商资料拆分为表格

步骤01　在Power Query中打开供应商资料查询，在"主页"选项卡的"转换"组中单击"拆分列"下拉按钮，在弹出的下拉菜单中选择拆分依据命令，这里选择"按分隔符"命令，如图3-17所示。

图3-17

步骤02　在打开的"按分隔符拆分列"对话框中单击"选择或输入分隔符"下拉列

表框，在弹出的下拉列表中选择"自定义"选项，如图3-18所示。（在"选择或输入分隔符"下拉列表框中自带有"逗号"分隔符选项，但是该逗号是指英文状态下输入的半角逗号，在本例中如果选择该分隔符来拆分查询表，将不能完成拆分列操作。）

步骤03 在出现的文本框中输入分隔符，这里输入全角状态下的逗号，保持"每次出现分隔符时"单选按钮的选中状态，如图3-19所示。单击"确定"按钮确认设置的拆分依据。

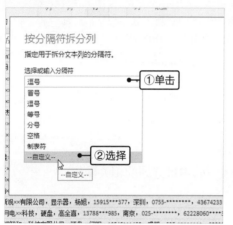

图3-18

图3-19

知识贴士 | 分隔符拆分位置说明

在"按分隔符拆分列"对话框中，如果当前要拆分的列中存在的分隔符有多个，用户还可以根据需要指定具体的拆分位置。其中：

①选中"最左侧的分隔符"单选按钮，程序将以第一个分隔符为拆分位置进行拆分，如在"供应商代码，供应商名称，供应产品"文本中，程序自动将其拆分为"供应商代码"和"供应商名称，供应产品"两列。

②选中"最右侧的分隔符"单选按钮，程序将以倒数第一个分隔符为拆分位置进行拆分，如在"供应商代码，供应商名称，供应产品"文本中，程序自动将其拆分为"供应商代码，供应商名称"和"供应产品"两列。

③选中"每次出现分隔符时"单选按钮，程序将在每个分隔符位置执行拆分操作，如在"供应商代码，供应商名称，供应产品"文本中，程序自动将其拆分为"供应商代码""供应商名称"和"供应产品"三列。

步骤04 程序自动以每个全角逗号为分隔符拆分列，由于在导入数据时，程序默认将第一行数据识别为一条记录，在拆分列后，其仍然作为记录存在，而实际上它应该是查询表的字段名称，因此这里要进行设置，在"主页"选项卡的"转换"组中单击"将第一行用作标题"按钮，如图3-20左所示。程序自动将第一条记录升级为查询表的表头字段，如图3-20右所示。

图3-20

3.2.2 批量添加前后缀

批量添加前后缀就是快速在指定的列中为文本统一添加相同的前缀或者后缀文本。它主要是通过"转换"选项卡"文本列"组的"格式"下拉菜单完成的。下面以具体的实例讲解相关的操作。

实例解析

为员工编号和职务数据分别添加前后缀标识

步骤01 在Power Query中打开员工基本信息查询，选择"员工编号"列，单击"转换"选项卡，在"文本列"组中单击"格式"下拉按钮，在弹出的下拉菜单中选择"添加前缀"命令，如图3-21所示。

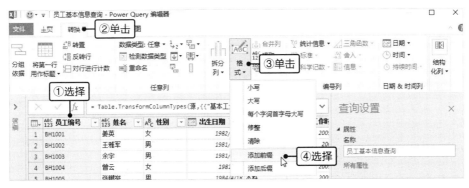

图3-21

步骤02 在打开的"前缀"对话框的"值"文本框中输入"XSB-"前缀，如图3-22左所示。确认添加的前缀后单击"确定"按钮关闭对话框并应用设置，在返回的Power Query中即可查看到查询表中的每个员工编号文本数据前面添加了"XSB-"前缀，如图3-22右所示。

图3-22

步骤03 选择"职务"列，单击"转换"选项卡"文本列"组中的"格式"下拉按钮，在弹出的下拉菜单中选择"添加后缀"命令，如图3-23所示。

步骤04 在打开的"后缀"对话框的"值"文本框中输入"-在职"后缀，如图3-24所示。确认添加的后缀后单击"确定"按钮关闭对话框并应用设置，在返回的查询表中即可查看到程序自动为每个职务文本的末尾添加了"-在职"后缀。

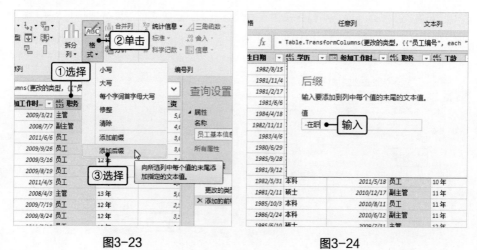

图3-23   图3-24

知识贴士｜对文本的大小写进行转换

在"转换"选项卡"文本列"组的"格式"下拉菜单中包含了"小写""大写"和"每个字词首字母大写"三个命令，通过这三个命令可以方便地对查询表中的英文字母进行大小写转换，其中：

①执行"小写"命令可以将当前选择的列中的所有英文字母转换为小写字母。如单元格内容为"poWer QUery"文本，在执行该命令后，单元格内容变为"power query"。

②执行"大写"命令可以将当前选择的列中的所有英文字母转换为大写字母。如单元格内容为"poWer QUery"文本，在执行该命令后，单元格内容变为"POWER QUERY"。

③执行"每个字词首字母大写"命令，程序自动判断当前选择的列中的每个单元格中的英文内容，对于每个单词，仅将其首字母转换为大写，而单词的其他部分全部转换为小写。如单元格内容为"poWer QUery"文本，在执行该命令后，单元格内容变为"Power Query"。

3.2.3　文本内容的提取

在Excel中，程序内置了很多文本函数，通过这些内置函数，用户可以从指定的字符串中提取需要的部分，这种文本内容的提取也是文本处理中比较常见的操作。

而在Power Query中，对于文本内容的提取操作都进行了简化，每个提取操作在"添加列"选项卡"从文本"组的"提取"下拉菜单中都可以找到，如图3-25所示。

图3-25

用户只需要执行相应的命令即可快速完成文本内容的提取。各命令的具体作用如表3-2所示。

表 3-2　文本内容的提取命令

提取方式	说明
长度	执行该命令可以获取单元格中文本的字符长度
首字符	执行该命令后，在打开的对话框中只有一个"计数"参数，用于设置要保留的起始字符数，其作用类似于 Excel 中的 LEFT() 函数。例如在"数据清洗实战"字符串文本中，如果将"计数"参数设置为 2，则程序会自动从字符串文本中获取"数据"文本，删除"清洗实战"文本
结尾字符	执行该命令后，在打开的对话框中只有一个"计数"参数，用于设置要保留的结束字符数，其作用类似于 Excel 中的 RIGHT() 函数。例如在"数据清洗实战"字符串文本中，如果将"计数"参数设置为 2，则程序会自动从字符串文本中获取"实战"文本，删除"清洗数据"文本
范围	执行该命令后，在打开的对话框中有两个参数，分别是"起始索引"与"字符数"，其中，"起始索引"参数用于设置要提取的首字符的索引编号（第一个字符的索引编号为 0），"字符数"参数用于设置要提取的字符数量。其作用类似于 Excel 中的 MID() 函数。例如在"数据清洗实战"字符串文本中，如果将"起始索引"参数设置为 2，将"字符数"参数设置为 2，则程序会自动从字符串文本中获取"清洗"文本，删除"数据实战"文本
分隔符之前的文本	执行该命令后，在打开的对话框中设置指定的分隔符符号，程序会自动获取该分隔符前的所有文本，例如在"028-12345678"字符串文本中，如果将分隔符设置为"-"，则程序会自动从字符串文本中获取"028"文本，删除"-12345678"文本
分隔符之后的文本	执行该命令后，在打开的对话框中设置指定的分隔符符号，程序会自动获取该分隔符后的所有文本，例如在"028-12345678"字符串文本中，如果将分隔符设置为"-"，则程序会自动从字符串文本中获取"12345678"文本，删除"028-"文本
分隔符之间的文本	执行该命令后，在打开的对话框中有两个参数，分别是"开始分隔符"和"结束分隔符"，设置好这两个参数后，程序会自动获取设置的开始分隔符和结束分隔符之间的所有文本，例如在"销售部 -1-1001"字符串文本中，如果"开始分隔符"和"结束分隔符"都设置为"-"，则程序会自动从字符串文本中获取"1"文本，删除"销售部 -"文本和"-1001"文本

针对"分隔符之前的文本""分隔符之后的文本"和"分隔符之间的文本"提取方式，还提供了高级选项设置，这些设置主要用于在文本中存在多个分隔符时，指定从哪个分隔符开始提取文本。

这三种提取方式的高级选项设置的方式和作用差不多，下面以"分隔符之前的文本"提取方式的高级选项设置参数为例进行讲解。

在"分隔符之前的文本"对话框中，单击"高级选项"按钮可以展开高级选项设置参数，各参数的作用如下。

● "扫描分隔符" 参数

"扫描分隔符"参数用于指定扫描分隔符的方向，该参数有两个参数值，分别是"从输入的开头"和"从输入的末尾"。其中，"从输入的开头"参数值表示按从左到右的方向扫描分隔符，"从输入的末尾"参数值表示按从右到左的方向扫描分隔符。

● "要跳过的分隔符数" 参数

"要跳过的分隔符数"参数用于指定需要跳过的分隔符的数量，即在多个分隔符存在的情况下，从第几个分隔符开始提取文本。

例如在"销售部-1-1001"字符串中，按照图3-26所示的参数进行设置，即按从左到右的方向跳过第一个"-"分隔符后，将第二个"-"分隔符作为提取文本的标记分隔符，最后程序将提取字符串中的"销售部-1"文本，而删除"-1001"文本。

图3-26

知识贴士 | 从"转换"选项卡和"添加列"选项卡处理文本有何不同

　　在Power Query中，通过"转换"选项卡"文本列"组和"添加列"选项卡"从文本"组都可以对文本数据进行处理，除了拆分列必须在"转换"选项卡的"文本列"组中完成，其他功能在两个选项卡各自的组中都几乎一样。但是二者的执行效果却是完全不一样的，通过"转换"选项卡对文本进行处理，是直接在当前选择的列上直接转换，如图3-27上所示；通过"添加列"选项卡对文本进行处理，是基于当前选择的列对文本进行处理，但是会将处理结果重新添加一列在表格的末尾显示，如图3-27下所示。用户可根据实际需求选择对应位置的文本处理功能进行使用。

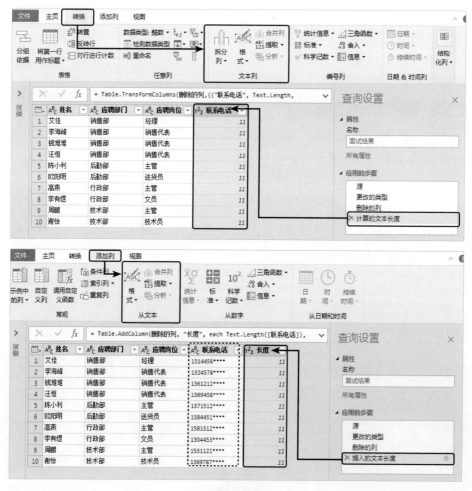

图3-27

3.3　数字列数据的处理

在Power Query中处理的数字列一般指与计量有关的常规数值列和与金额有关的货币数据列。与文本列数据的处理一样，数字列的数据处理也可以通过"转换"选项卡的"编号列"组和"添加列"选项卡的"从数字"组完成，如图3-28所示。

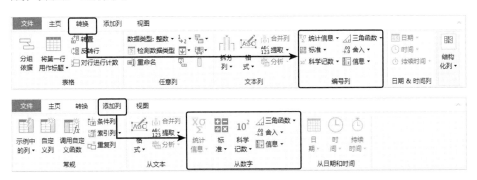

图3-28

通过上图可以看到，两个组中提供的功能完全一样，分别包含"统计信息""标准""三角函数""舍入"和"信息"，但是在实际运用中，不同选项卡中提供的这几组功能的具体使用是有区别的，下面针对其中比较常用的"统计信息""标准"和"舍入"三个功能进行具体讲解。

3.3.1　数字数据的统计处理

对数字数据进行统计处理主要是运用统计信息功能完成的，该功能具体包括求和、最小值、最大值、中值、平均值、标准偏差、值计数和对非重复值进行计数共八种统计方式，各统计方式的具体作用见表3-3。

表3-3　八种统计方式的作用

统计方式	作用
求和	对选定列的数据进行求和运算，直接输出或添加列输出结果
最小值	对选定列的数据进行最小值统计，直接输出或添加列输出结果
最大值	对选定列的数据进行最大值统计，直接输出或添加列输出结果

统计方式	作用
中值	对选定列的数据进行中值统计，直接输出或添加列输出结果
平均值	对选定列的数据进行平均值运算，直接输出或添加列输出结果
标准偏差	对选定列的数据进行标准差运算，直接输出或添加列输出结果
值计数	对选定列的非空值数据进行数量统计，直接输出或添加列输出结果
对非重复值进行计数	对选定列的不重复的非空值数据进行数量统计，直接输出或添加列输出结果

在上表中，每种统计结果的输出都有两种情况，一种是直接输出，另一种是添加列输出，这主要是因为选择的统计方式所属的选项卡不同，不同的选项卡针对不同列数的数字进行数据处理。

1.单列数据的统计处理

如果当前选择一列数字列，"添加列"选项卡的"统计信息"下拉按钮不可用，只能从"转换"选项卡中单击"编号列"组中的"统计信息"下拉按钮，执行对应的统计命令，这里选择"最大值"命令，此时程序会直接将该列的最大值直接输出，如图3-29所示。

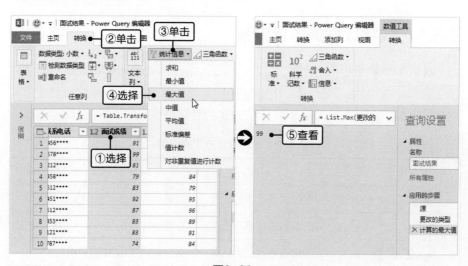

图3-29

从图3-29可以看到，在输出统计结果后，查询表内容就不显示了，要再次查看查询表信息，必须删除刚刚执行的统计处理步骤。因此，如果只是暂时查看某些数据中的一些统计信息，可以使用这种方法对数字列的数据进行统计处理。

2.多列数据的统计处理

如果当前选择多列数字列，"转换"选项卡的"统计信息"下拉按钮不可用，只能从"添加列"选项卡中单击"从数字"组中的"统计信息"下拉按钮，执行对应的统计命令，此时程序会添加新列来输出统计结果。下面通过具体的实例讲解相关操作。

实例解析

统计各面试人员的总成绩和平均成绩

步骤01 在Power Query中打开面试结果查询，选择"面试成绩""笔试成绩"和"上机操作成绩"列，单击"添加列"选项卡，在"从数字"组中单击"统计信息"下拉按钮，在弹出的下拉菜单中选择"求和"命令，如图3-30所示。

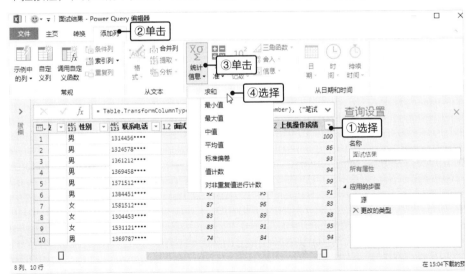

图3-30

步骤02 程序自动在查询表末尾添加"加法"列，并在其中输出选择的3列数据的求和结果。再次选择"面试成绩""笔试成绩"和"上机操作成绩"列，单击"从数字"组中的"统计信息"下拉按钮，在弹出的下拉菜单中选择"平均值"命令，如图3-31所示。

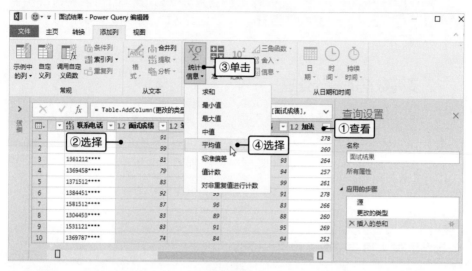

图3-31

步骤03 程序自动在查询表末尾添加"平均值"列，并在其中输出选择的3列数据的平均值结果，分别将"加法"列和"平均值"列的字段名称重命名为"总成绩"和"平均成绩"完成整个操作，如图3-32所示。

1.2 面试成绩	1.2 笔试成绩	1.2 上机操作成绩	1.2 总成绩	1.2 平均成绩
91	87	100	278	92.66666667
99	75	86	260	86.66666667
81	90	93	264	88
79	84	94	257	85.66666667
83	79	99	261	87
92	95	91	278	92.66666667
87	96	83	266	88.66666667
83	89	88	260	86.66666667
83	91	95	269	89.66666667
74	84	94	252	84

图3-32

3.3.2 数字数据的标准处理

数字数据的标准处理具体是指对数字列的数据进行算术运算，这种处理主要是通过标准功能完成的，在"转换"选项卡和"添加列"选项卡中，该功能处理的数字列的数量是不同的，下面分别介绍。

1. "转换"选项卡中的标准功能

在"转换"选项卡中，标准功能只对单列起作用，即只能实现单列与指定数值之间的运算，且运算结果直接在当前选定的列中转换显示。其具体提供的运算方式有添加、乘、减、除、用整数除、取模、百分比和百分比八种，各运算方式的具体作用如表3-4所示。

表3-4　运算方式的具体作用

标准运算方式	作　　用
添加	对选定的单列数据与指定值进行求和运算，运算结果直接在当前选定的列上转换显示
乘	对选定的单列数据与指定值进行乘法运算，运算结果直接在当前选定的列上转换显示
减	对选定的单列数据与指定值进行减法运算，运算结果直接在当前选定的列上转换显示
除	对选定的单列数据与指定值进行除法运算，运算结果直接在当前选定的列上转换显示
用整数除	对选定的单列数据与指定值进行除法运算后获取商的整数部分，运算结果直接在当前选定的列上转换显示
取模	对选定的单列数据与指定值进行除法运算后获取余数，运算结果直接在当前选定的列上转换显示
百分比	对选定的单列数据与指定值进行乘法运算后再除以100，运算结果直接在当前选定的列上转换显示
百分比	对选定的单列数据与指定值进行除法运算后再乘以100，运算结果直接在当前选定的列上转换显示

下面通过具体实例来了解"转换"选项卡中标准功能的用法。

实例解析

将所有员工的基本工资整体提升200元

步骤01　在Power Query中打开员工基本信息查询，选择"基本工资"列，单击"转换"选项卡，在"编号列"组中单击"标准"下拉按钮，在弹出的下拉菜单中选择"添加"命令，如图3-33所示。

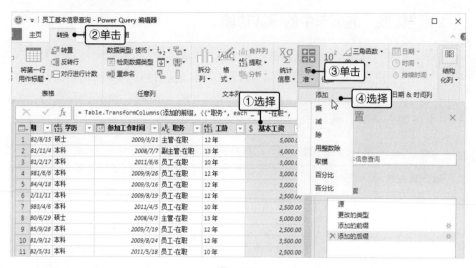

图3-33

步骤02 在打开的"加"对话框的"值"文本框中设置一个数据，让选中列的每个值都与该值相加，这里输入"200"数字，如图3-34所示。单击"确定"按钮确认设置并关闭对话框。

步骤03 在返回的查询表中即可查看到基本工资列中的每个数据都在原来的基础上增加了200，如图3-35所示。

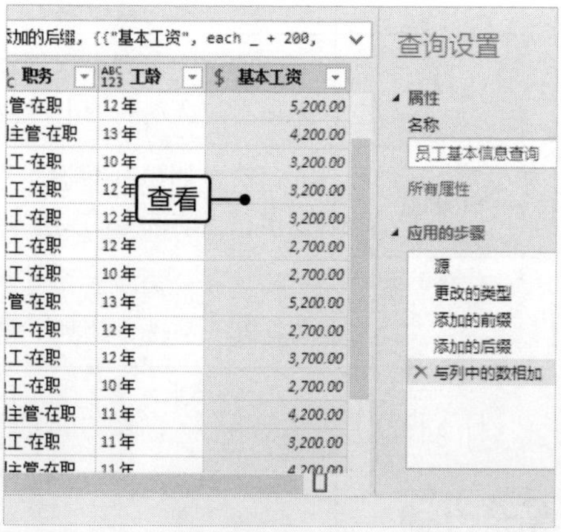

图3-34

图3-35

2. "添加列"选项卡中的标准功能

与"转换"选项卡的标准功能不同的是，如果是通过"添加列"选项卡的命令执行标准运算，选择的查询列可以是单列，也可以是多列。若选择单列，则实现的是查询数据列与指定值的标准运算；若选择两列或多列，则实现的是查询数据列直接的标准运算。

在"添加列"选项卡中，标准功能具体包括的运算方式也有八种，分别是添加、乘、减、除、用整数除、取模、百分比和百分比，各运算方式的具体作用如表3-5所示。

表 3-5　标准运算方式的具体作用

标准运算方式	作　用
添加	对选定的单列数据与指定值进行求和运算，对选定的多列数据直接进行求和运算，运算结果通过添加列输出
乘	对选定的单列数据与指定值进行乘法运算，对选定的多列数据直接进行乘法运算，运算结果通过添加列输出
减	对选定的单列数据与指定值进行减法运算，对选定的两列数据直接进行减法运算，运算结果通过添加列输出。如果选择两列以上的数字列，则该运算方式不可用
除	对选定的单列数据与指定值进行除法运算，对选定的两列数据直接进行除法运算，运算结果通过添加列输出。如果选择两列以上的数字列，则该运算方式不可用
用整数除	对选定的单列数据与指定值进行除法运算后获取商的整数部分，对选定的两列数据直接进行除法运算后获取商的整数部分，运算结果通过添加列输出。如果选择两列以上的数字列，则该运算方式不可用
取模	对选定的单列数据与指定值进行除法运算后获取余数，对选定的两列数据直接进行除法运算后获取余数，运算结果通过添加列输出。如果选择两列以上的数字列，则该运算方式不可用
百分比	对选定的单列数据与指定值进行乘法运算后再除以100，运算结果通过添加列输出。如果选择两列及以上的数字列，则该运算方式不可用
百分比	对选定的单列数据与指定值进行除法运算后再乘以100，对选定的两列数据直接进行除法运算后再乘以100，运算结果通过添加列输出。如果选择两列以上的数字列，则该运算方式不可用

下面通过具体实例来了解"添加列"选项卡中标准功能的用法。

实例解析

计算各产品当月的库存金额

步骤01 在Power Query中打开月度库存查询，依次选择"当前数目"和"单价"列，单击"添加列"选项卡，在"从数字"组中单击"标准"下拉按钮，在弹出的下拉菜单中选择"乘"命令，如图3-36所示。

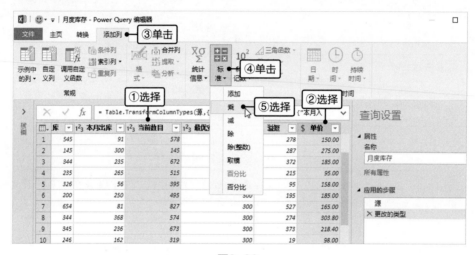

图3-36

步骤02 程序自动以各条记录的当前数目乘以对应的单价数据，得到产品各自当月的库存数据，并在添加的"乘法"列中对应显示，最后将添加的"乘法"列的字段名称重命名为"库存金额"，完成整个操作，如图3-37所示。

当前数目	最优安全存货量	盈亏	单价	库存金额
91	578	300	278	150.00	86,700.00
300	145	300	287	275.00	39,875.00
235	672	300	372	185.00	124,320.00
265	515	300	215	95.00	48,925.00
56	395	300	95	158.00	62,410.00
250	495	300	195	185.00	91,575.00
81	827	300	527	165.00	136,455.00
368	574	300	274	303.80	174,381.20
236	673	300	373	218.40	146,983.20
162	319	300	19	98.00	31,262.00
501	341	300	41	101.00	34,441.00
103	609	300	309	123.00	74,907.00
301	304	300	4	402.00	122,208.00
105	607	300	307	325.00	197,275.00
436	519	300	219	194.00	100,686.00

图3-37

需要注意的是，在选择多列数据执行标准运算方式时，对于选择列的顺序是有要求的，默认情况下，系统以先选择的列作为第一个数，后选择的列作为第二个数，以此类推确定要参与运算的操作数，并执行相关运算。

例如在本例中，如果依次选择"单价"和"当前数目"列，则程序会用"单价×当前数目"作为公式执行乘法运算。在加法和乘法运算中，不管先选择哪列，其计算结果都相同。但是对于其他运算，选择顺序不同，计算结果就不同。因此，在执行除了加法和乘法以外的运算时，一定要确定参与计算的数据列的选择顺序。

3.3.3 数字数据的舍入处理

小数也是数字数据中的常见形态，在Power Query中，通过"转换"选项卡和"添加列"选项卡可以对小数进行舍入处理，如图3-38所示。

图3-38

从图中可以看到，Power Query提供了三种舍入处理，分别是向上舍入、向下舍入和舍入，各种舍入处理方式的具体作用如表3-6所示。

表3-6 舍入处理方式的具体作用

舍入方式	作　　用
向上舍入	将指定的一列数据取舍到整数部分，无论第一位小数是大于5还是小于5，都向上进位，如4.6和4.1向上舍入后都为5
向下舍入	将指定的一列数据取舍到整数部分，无论第一位小数是大于5还是小于5，都舍去，如4.6和4.1向下舍入后都为4

续表

舍入方式	作用
舍入	将指定的一列数据按指定小数位数进行四舍五入处理，如4.623和4.628按舍入到两位小数进行舍入处理后，其结果分别是4.62和4.63

这三种舍入方式在"转换"选项卡和"添加列"选项卡的作用是一样的，且都只能对一列数据进行操作，二者的区别在于，前者直接在当前列上转换显示，后者是添加新列显示舍入处理的结果。

下面通过实例讲解数字数据舍入处理的具体操作。

实例解析

将面试的平均成绩保留两位小数

步骤01 在Power Query中打开面试结果查询，选择"平均成绩"列，单击"转换"选项卡，在"编号列"组中单击"舍入"下拉按钮，在弹出的下拉菜单中选择"舍入"命令，如图3-39所示。

图3-39

步骤02 在打开的"舍入"对话框的"值"文本框中设置一个数据用于指定要舍入到多少位小数，这里输入"2"数字，如图3-40所示。单击"确定"按钮确认设置并关闭对话框。

步骤03 在返回的查询表中即可查看到平均成绩列在进行四舍五入后的处理结果，如图3-41所示。

图3-40　　　　　　　　　　　　　　　　图3-41

需要特别说明的是，在进行四舍五入处理时，如果指定到舍入的小数位数上是0，这个0是不被显示的。例如，对小数6.103和6.196按舍入到两位小数对数据进行舍入处理，理论上，其舍入后的值分别为6.10和6.20，但是由于最后一位数据为0，因此，最终显示结果为6.1和6.2。如果原来的数据本身就是整数，则在进行四舍五入处理后仍然显示为整数。

3.4　日期时间数据的处理

日期时间数据与文本数据和数值数据一样，都是Power Query中的主要数据类型，因此，对日期时间数据列的数据进行处理也是用好Power Query清洗数据的重要内容之一。对于日期时间数据的处理，同样可以使用"转换"选项卡和"添加列"选项卡处理，如图3-42所示。

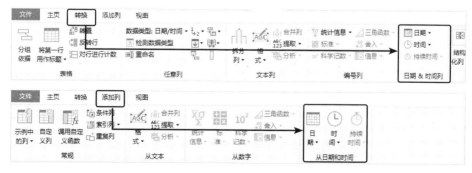

图3-42

从图中可以看到，Power Query提供了日期、时间和持续时间三个功能对日期和时间进行处理。通过单击不同的按钮，在弹出的下拉菜单中可以查看到具体的功能，如图3-43所示。

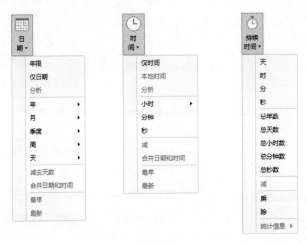

图3-43

对于"转换"选项卡和"添加列"选项卡中的这三个功能，其用法基本相同，二者的区别在于转换结果的显示位置不同。下面针对其中比较常用的"日期"和"时间"下拉菜单的功能进行介绍。

3.4.1 日期数据的处理

对日期数据的处理主要是对日期进行计算、提取和转换操作，通过"日期"下拉菜单可以完成这些操作。

在"添加列"选项卡的"日期"下拉菜单中提供的各日期处理方式命令的具体作用如表3-7所示。

表 3-7　日期处理方式命令的具体作用

日期 处理方式	作　　用
年限	计算指定列中的日期与当前电脑系统日期之间的年限，即运用"本地日期－指定列中的日期"这个公式进行计算，其得到的年限结果是以"天.时：分：秒"格式显示的持续时间

日期 处理方式	作　　用
仅日期	从包含有日期＋时间的列中提取日期数据，例如，选择的列中的日期数据格式为"2021/12/29 9:30:00"，执行该命令后仅提取数据中的"2021/12/29"部分
分析	将指定列中不规范的日期文本数据转化为规范的日期数据，例如，选择的列中的数据格式为"2021.12.29"或者"2021 12 29"，执行该命令后将其全部转化为"2021/12/29"日期数据
年	根据指定列中的日期获取与年相关的信息，包括"年""年份开始值"和"年份结束值"三个子菜单，其中： ①"年"用于获取日期的年份。 ②"年份开始值"用于获取日期所在年份的开始日，即当年的1月1日。 ③"年份结束值"用于获取日期所在年份的终止日，即当年的12月31日
月	根据指定列中的日期获取与月相关的信息，包括"月""月份开始值""月份结束值""一个月的某些日"和"月份名称"五个子菜单，其中： ①"月"用于获取日期的月份，用数字表示，例如，"1"表示1月。 ②"月份开始值"用于获取日期所在月份的开始日，即当年当月的1日。 ③"月份结束值"用于获取日期所在月份的终止日，即当年当月最后一日。 ④"一个月的某些日"用于获取日期所在月份共有多少天。 ⑤"月份名称"用于获取日期的月份，并以汉字显示，如一月、二月
季度	根据指定列中的日期获取与季度相关的信息，包括"一年的某一季度""季度开始值"和"季度结束值"三个子菜单，其中： ①"一年的某一季度"用于获取日期是当年的哪个季度，用数字表示，例如，"1"表示第一季度。 ②"季度开始值"用于获取日期所在季度的开始日。 ③"季度结束值"用于获取日期所在季度的终止日
周	根据指定列中的日期获取与周相关的信息，包括"一年的某一周""一个月的某一周""星期开始值"和"星期结束值"四个子菜单，其中： ①"一年的某一周"用于获取日期是当年的第几周，用数字表示，例如，"1"表示当年第1周。 ②"一个月的某一周"用于获取日期是当月的第几周，用数字表示，例如，"1"表示当月第1周。 ③"星期开始值"用于获取日期所在周星期一的日期。 ④"星期结束值"用于获取日期所在周星期日的日期

续表

日期处理方式	作　用
天	根据指定列中的日期获取与日相关的信息,包括"天""每周的某一日""一年的某一日""一天开始值""一天结束值"和"星期几"六个子菜单,其中: 　①"天"用于获取日期的日,用数字表示,例如,"3"表示当年当月的3日。 　②"每周的某一日"用于获取日期是所在周的第几天,用数字表示,默认从0开始,例如, "0"表示当前日期是所在周的第一天。 　③"一年的某一日"用于获取日期是当年的第几天,用数字表示,例如, "48"表示当前日期是当年的第48天。 　④"一天开始值"用于获取日期当日的起始日期,主要针对日期+时间的字段列,程序自动将时间设置为0:00:00。例如,在"2021/12/29 9:30:00"日期中,执行该命令后将其转化为"2021/12/29 0:00:00"。 　⑤"一天结束值"用于获取日期当日的结束日期,也是针对日期+时间的字段列,程序自动将时间设置为第二天的起始日期。例如,在"2021/12/29 9:30:00"日期中,执行该命令后将其转化为"2021/12/30 0:00:00"。 　⑥"星期几"用于将日期转化为对应的星期数据
减去天数	"添加列"选项卡"日期"下拉菜单中特有的命令,用于对选择的两列格式相同的日期数据执行差值运算,得到两个日期相距多少天。在选择两列日期列时,要注意选择的先后顺序,不同的选择方向,得到的结果不同。以较新日期减去较早日期,得到的结果为正数,反之为负数
合并日期和时间	将选择日期列和时间列合并为日期+时间显示格式的列
最早	获取指定多列中,各行最早的日期
最新	获取指定多列中,各行最新的日期

 知识贴士 | "日期"下拉菜单中"最早"和"最新"命令的使用说明

　　在Power Query中, "添加列"选项卡"日期"下拉菜单中的"最早"和"最新"命令在选择多列时才起作用,如果选择一列,这两个命令是不可用的,但是在"转换"选项卡"日期"下拉菜单中的这两个命令只针对选择一列日期数据的情况下起作用,且返回当前列中最早和最新的日期。

　　下面通过具体的实例来讲解日期数据的处理操作。

实例解析

合并拜访计划的日期并显示对应的星期

步骤01 在Power Query中打开客户拜访计划查询，选择"拜访日期"和"拜访时间"列，单击"添加列"选项卡，在"从日期和时间"组中单击"日期"下拉按钮，在弹出的下拉菜单中选择"合并日期和时间"命令，如图3-44所示。程序自动将日期和时间进行合并，并添加一列"已合并"列显示合并结果。

图3-44

步骤02 选择"拜访日期"列，单击"日期"下拉按钮，在弹出的下拉菜单中选择"天"命令，在弹出的子菜单中选择"星期几"命令，如图3-45所示。

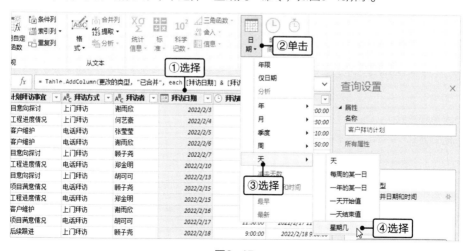

图3-45

步骤03 程序自动添加"星期几"列，在其中显示根据拜访日期列的数据转化的对应的星期数据，如图3-46所示。

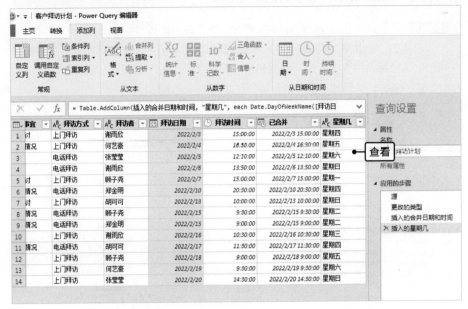

图3-46

3.4.2 时间数据的处理

对时间数据的处理同样是对时间进行计算、提取和转换操作，通过"时间"下拉菜单可以完成这些操作。

在"添加列"选项卡的"时间"下拉菜单中提供的各时间处理方式命令的具体作用如表3-8所示。

表3-8 时间处理方式命令的具体作用

时间 处理方式	作　　用
仅时间	从包含有日期＋时间的列中提取时间数据，例如，选择的列中的日期数据格式为"2021/12/29 9:30:00"，执行该命令后仅提取"9:30:00"部分
本地时间	指定的列中的时间是不同时区的时间，执行该命令后可以将各时区的时间按本地时区进行转换

时间 处理方式	作　用
分析	将指定列中不规范的文本类型的时间数据转化为规范显示的时间，或者从不规范的日期＋时间文本数据中提取时间并规范显示，例如，选择的列的数据为"2021.12.29 9:20"格式的文本数据，执行该命令后可以得到"9:20:00"时间数据
小时	根据指定列中的时间获取与小时相关的信息，包括"小时""小时开头"和"小时结尾"三个子菜单，其中： 　　①"小时"用于获取时间中的小时部分。 　　②"小时开头"用于获取当前时间的开始时间，例如，"9:20:00"的开始时间为"9:00:00"。 　　③"小时结尾"用于获取当前时间的结束时间，也就是下个时间的开始时间，例如，"9:20:00"的结束时间为"10:00:00"
分钟	用于获取时间中的分钟
秒	用于获取时间中的秒
减	"添加列"选项卡"时间"下拉菜单中特有的命令，用于对选择的两列格式相同的时间数据执行差值运算，得到两个时间的时间差，该时间差数据是以"天.时：分：秒"格式显示的持续时间。在选择两列时间列时，要注意选择的先后顺序，不同的选择方向，得到的结果不同。以较新时间减去较早时间，得到的结果为正值，反之为负值
合并日期 和时间	将选择日期列和时间列合并为日期＋时间显示格式的列
最早	获取指定多列中，各行最早的时间
最新	获取指定多列中，各行最新的时间

知识贴士丨"时间"下拉菜单中"最早"和"最新"命令的使用说明

　　在Power Query中，"添加列"选项卡"时间"下拉菜单中的"最早"和"最新"命令在选择多列时才起作用，如果选择一列，这两个命令是不可用的，但是在"转换"选项卡"时间"下拉菜单中的这两个命令只针对选择一列时间数据的情况下起作用，且返回当前列中最早和最新的时间。

下面通过具体的实例来讲解日期数据的处理操作。

实例解析

计算车辆的停车时长

步骤01 在Power Query中打开停车记录查询，依次选择"停车结束时间"和"停车开始时间"列，单击"添加列"选项卡，在"从日期和时间"组中单击"日期"下拉按钮，在弹出的下拉菜单中选择"减"命令，如图3-47所示。程序自动将两列时间的数据进行差值计算，并在添加的列中显示。

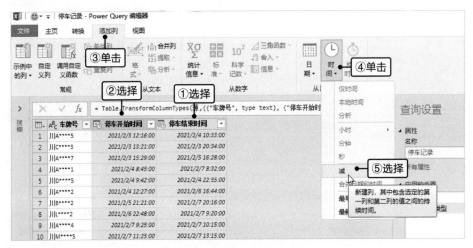

图3-47

步骤02 选择新添加的列，将其列字段名称重命名为"停车时长"，完成整个操作，如图3-48所示。

图3-48

3.4.3 持续时间的处理

通过前面日期和时间的处理内容，我们可以了解到什么是持续时间，它具体是指从一个时间到另一个时间之间持续了多久。虽然"持续时间"下拉菜单中提供了很多命令，但是相对比较常用的是"天""时""分"和"秒"，各命令的具体作用如表3-9所示。

表 3-9 持续时间处理命令的具体作用

持续时间处理方式	作用
天	从指定列的持续时间中提取天数部分
时	从指定列的持续时间中提取小时部分
分	从指定列的持续时间中提取分钟部分
秒	从指定列的持续时间中提取秒数部分

如图3-49所示为利用以上几个命令从"停车时长"持续时间字段列中分别提取天数、小时、分钟和秒数的效果。

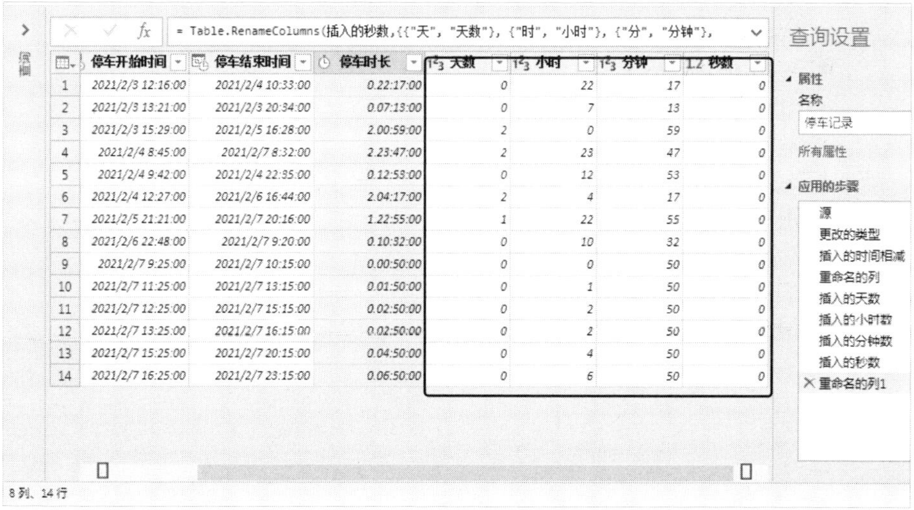

图3-49

第4章
进阶实战：结构化与分组合并操作

学习目标

  Powery Query的特点就是将复杂的数据清洗、整理工作通过直观的命令实现高效操作，降低用户的学习难度。因此本章将着重介绍有关查询表结构化以及分组合并相关操作，让读者感受Power Query的便捷，同时为后面学习M语言做好铺垫。

知识要点

- List容器——列表
- Record容器——记录
- Table容器——表
- 基本分组统计
- 高级分组统计
- 同一工作簿内的多表合并
- 多个工作簿的多表合并
- 合并查询操作
- 追加查询操作

4.1 初步认识Power Query三大容器

从结构化的角度来理解查询表，可以将其视为一个Table容器，在该容器中，又可以拆分出多个List容器或者Record容器，这就是Power Query中比较重要的三大容器，其示意图关系如图4-1所示。

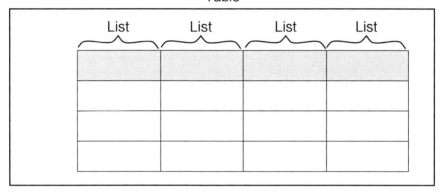

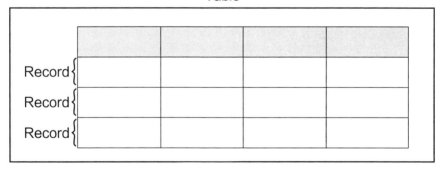

图4-1

掌握Power Query三大容器的构建方法，不仅可以更加灵活地完成多表的合并查询，也能很方便地结合M语言完成数据处理的功能扩充。（有关M语言的相关内容将在本书第5~7章着重介绍。）

对于各容器的构建方法都有很多，例如，通过转化列表功能将指定的列转化为列表，其具体操作是：选择要转化为列表的列，单击"转换"选项卡，在"任意列"组中单击"转换为列表"按钮即可将当前选择的列转化为列表，如图4-2所示。

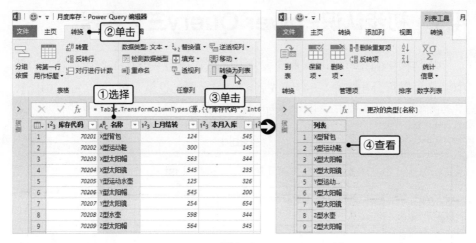

图4-2

为了更加深入地理解各大容器，并为后面学习M语言打下基础，本章将介绍手动构造三大容器的方法。

4.1.1　List容器——列表

在Power Query中，List列表的标识符是一对大括号"{}"，其手动构建方法是通过输入M公式完成的，任何公式都是以等号"="开始，这点与Excel中公式的输入是一样的。手动构建List列表分为构建一个List列表和构建由逗号分隔的列表。

1.构建一个List列表

构建一个List列表是指构建的List列表中的值是单个，其具体的构建语法格式为：

$$=\{列表值0,列表值1,列表值2,列表值3,列表值4,……\}$$

对于以上的语法格式，有三点需要说明。

①列表中的数据可以是数字、字符串、日期、List、Record和Table等任何类型的值。

②各数值之间用英文逗号分隔。

③对于列表中的每个值，其索引编号都是从0开始的。

对于连续列表值的创建，不需要逐个将序列全部列举出来，这样编写很烦琐，而且容易出错。在Power Query中，可以使用以下语法格式完成连续列表序列值的构建：

=｛起始值..终止值｝

其中，两个"."符号也需要在英文状态下输入，且终止值的值要大于等于起始值，否则构建不成功。如图4-3左所示，能够正常构建列表值为1~6序列列表，而图4-3右只创建了一个列表，列表中没有任何值。

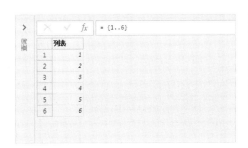

图4-3

除了数字序列值以外，下面再列举一些常见的序列列表值的示例，如表4-1所示。

表4-1　常见的序列列表值

序列类型	List 构建示例
文本型的数字序列	=｛"1".."9"｝，表示 List 列表的值依次为 1~9 文本序列
大写字母序列	=｛"A".."Z"｝，表示 List 列表的值依次为 A~Z 的 26 个大写字母序列
小写字母序列	=｛"a".."z"｝，表示 List 列表的值依次为 a~z 的 26 个小写字母序列
大小写字母合并的序列	=｛"A".."z"｝ 和 =｛"A".."Z","a".."z"｝ 两种格式，二者存在一定的区别，前者除了返回 26 个大写字母和 26 个小写字母以外，还会在大小写字母之间显示 6 个特殊字符，因此，总共返回 58 个列表序列值，如图 4-4 左所示；后者则只返回 26 个大写字母和 26 个小写字母，即总共返回 52 个列表序列值，如图 4-4 右所示

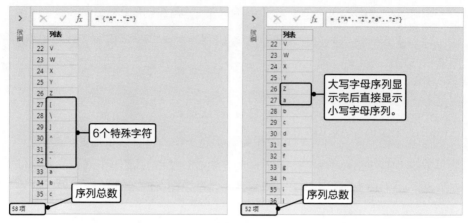

图4-4

下面通过创建一个查询条件列表为例，讲解手动构建List列表的相关操作。（为了便于更直观地查看和学习，本节讲解的手动构建三大容器的方法都在空查询中完成，所有的操作都相似，这里以手动构建List列表为例演示完整的过程，后面则直接在空查询中演示关键步骤。）

实例解析

手动构建查询条件列表

步骤01 在Power Query的"查询"导航窗格中右击，在弹出的快捷菜单中选择"新建查询"命令，在弹出的子菜单中选择"其他源→空查询"命令，如图4-5所示。

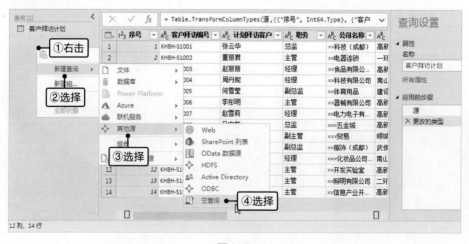

图4-5

步骤02 程序自动以"查询1"为名创建一个空白查询，在编辑栏中输入"={"总监","副总监","经理"}"列表构建语句（注意双引号和逗号都是在英文状态下输入），直接按【Enter】键确认输入，程序自动新建一个列表，其表头默认显示为"列表"，如图4-6所示。

图4-6

步骤03 对于创建的列表还可以通过"列表工具 转换"选项卡将其转化为查询表，直接单击"列表工具 转换"选项卡的"转换"组的"到表"按钮，在打开的"到表"对话框中保持默认设置，单击"确定"按钮，如图4-7所示。

图4-7

步骤04 程序自动将列表转化为查询表，并将"列表"标识转化为"Column1"字段名称，这里将其重命名为"职务"，如图4-8所示。

图4-8

步骤05 在"查询设置"任务窗格的"名称"文本框中输入"查询条件"文本，按【Enter】键完成查询表的名称设置，如图4-9所示。

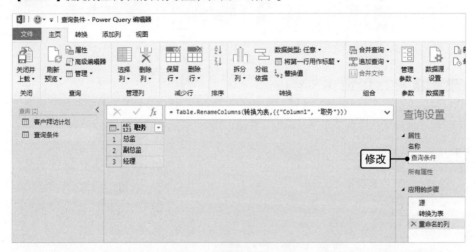

图4-9

从以上这个构建和转换过程，可以进一步清晰地理解为什么说查询表的列从结构化的角度来讲，可以看作是多个List容器。

2.构建由逗号分隔的List列表

构建由逗号分隔的List列表其实质还是构建一列List列表，因此其语法格式还是为：

={列表值0,列表值1,列表值2,列表值3,列表值4,…}

在以上语法格式中，每个列表值又是由一组带逗号的数据构成，且每组数据必须包括在一组英文状态下输入的双引号中，即：

列表值0="列表值0-0,列表值0-1,列表值0-3,列表值0-4,…"

列表值1="列表值1-0,列表值1-1,列表值1-3,列表值1-4,…"

列表值2="列表值2-0,列表值2-1,列表值2-3,列表值2-4,…"

列表值3="列表值3-0,列表值3-1,列表值3-3,列表值3-4,…"

列表值4="列表值4-0,列表值4-1,列表值4-3,列表值4-4,…"

下面通过一个实例来进行具体了解。

实例解析

手动构建记录员工职务信息的 List 列表

步骤01 在Power Query中的"查询"任务窗格中选择员工职务查询，在编辑栏中输入 "={"张齐,生产部,生产主管","肖大鹏,生产部,生产主管","肖建勋,生产部,组长","汪畏青,生产部,组长","李伶俐,生产部,组员","林天浩,生产部,组员","李宗林,生产部,组员","王红梅,生产部,组员","柳云飞,生产部,组员","钱永盛,品质部,QC主管","陶菲菲,品质部,QC主管","王明敏,品质部,质检员","杨飞燕,采购部,主管","柯凡,采购部,采购专员","王茜,采购部,采购专员","杨丽,采购部,采购专员","刘春明,总经办,常务副总","陈夏荷,总经办,生产副总"}"列表构建语句，如图4-10所示。直接按【Enter】键确认输入。

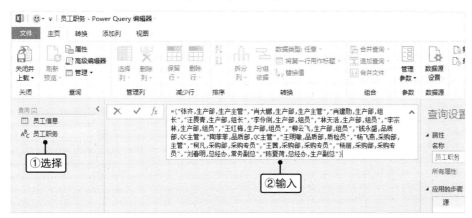

图4-10

步骤02 程序自动新建一个带逗号的List列表，单击"列表工具 转换"选项卡"转换"组中的"到表"按钮，如图4-11所示。

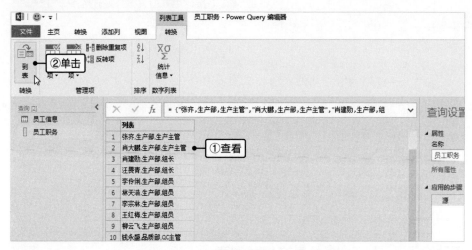

图4-11

步骤03 在打开的"到表"对话框中单击"选择或输入分隔符"下拉列表框，在弹出的下拉列表中选择"逗号"选项，单击"确定"按钮，如图4-12所示。（本例中，因为输入的列表信息中，每组双引号引起来的列表值之间也是半角逗号，所以这里直接选择"逗号"选项；如果是输入的全角逗号，这里需要通过自定义的方式手动输入逗号。）

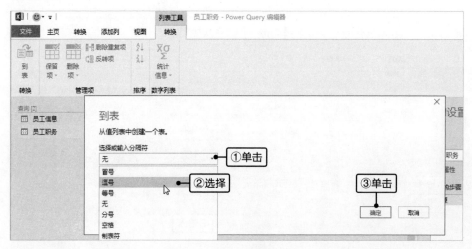

图4-12

步骤04 程序自动按分隔符将列表拆分为三列字段，并自动添加字段名，将字段名进行重命名操作，完成列表到查询表的转换，如图4-13所示。

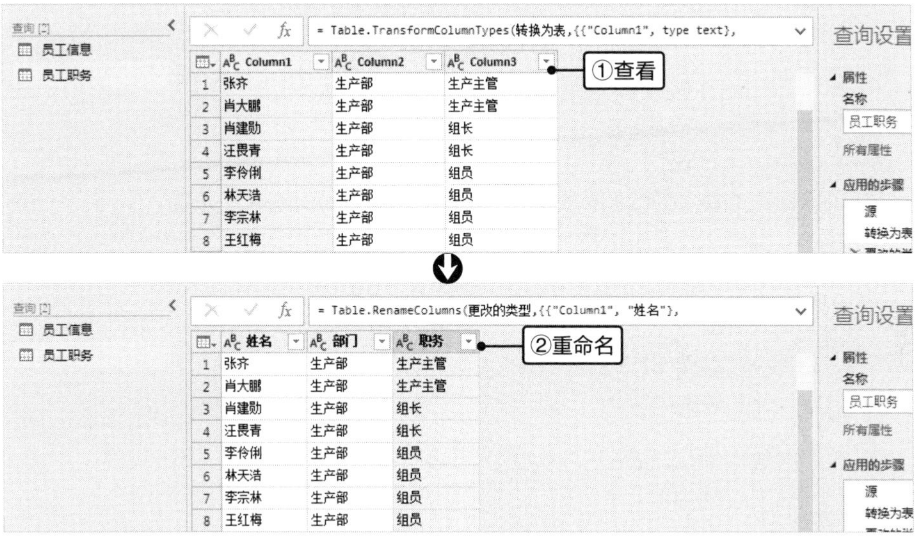

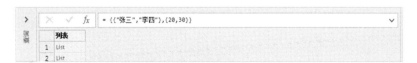

图4-13

知识贴士 | List列表值可以为List是什么意思

List列表值可以为List是指将内层List列表的返回值作为外层List列表的某个列表值，类似于在Excel中将一个函数的返回值作为另一个函数的参数值。如图4-14所示，在“= {{"张三","李四"},{20,30}}”列表创建语句中，内层有两个List列表，分别将其返回值作为外层List列表的第0个列表值和第1个列表值，最终创建的列表，其值是两个List。

图4-14

4.1.2　Record容器——记录

在Power Query中，Record记录的标识符是一对英文状态下输入的中括号“[]”，手动构造Record记录有两种情况，一种情况是构建一条Record记录，另一种是构建多条Record记录。

1.构建一条Record记录

构建一条Record记录是指一次创建一条记录，其构建的语法格式为：

=[字段名1=值1,字段名2=值2,字段名3=值3,……]

对于以上的语法格式，有以下三点需要说明。

①记录中的数据可以是数字、文本、日期、List、Record和Table等任何类型的值。

②各数值之间用英文逗号分隔。

③字段名不能加英文状态的双引号，但是如果字段名对应的值为文本类型的数据，则必须添加英文状态的双引号。

下面通过一个具体的实例来理解手动构造Record记录的相关操作。

实例解析

手动构建一条员工考核记录

步骤01 在Power Query中的"查询"任务窗格中选择创建记录查询，在编辑栏中输入 "=[编号="S1022",姓名="何阳",文化考核=95,专业考核=93,技能考核=97]" 记录构建语句，直接按【Enter】键确认输入，程序自动新建一个Record记录，左侧是字段名称，右侧的每个字段对应的值，如图4-15所示。

图4-15

步骤02 在手动构建记录后，程序也会打开"记录工具 转换"选项卡，在其中的"转换"组也有对应的"到表中"按钮，直接单击该按钮后，程序自动将构建的记录的字段名和对应的字段值识别为两个列表，因此转化的查询表有两列数据，如图4-16所示。

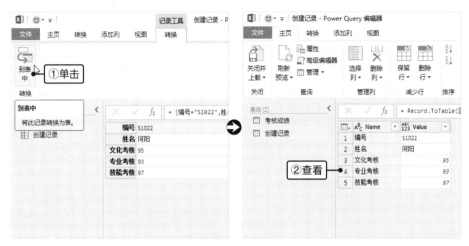

图4-16

步骤03 单击"转换"选项卡，在"表格"组中单击"转置"按钮，程序自动查询表的行列进行转换，但是由于程序自动识别第一列字段名称列为记录，因此在转置后，程序会自动添加查询表标题行，如图4-17所示。

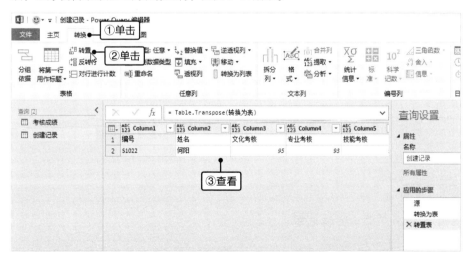

图4-17

步骤04 单击"表格"组中的"将第一行用作标题"按钮，将第一行记录提升为查询表的标题行，完成手动构建的记录向右旋转90°后得到查询表的效果（即字段名称在查询表的上方显示，而每个字段对应的Record值则是该表格第一条记录），如图4-18所示。

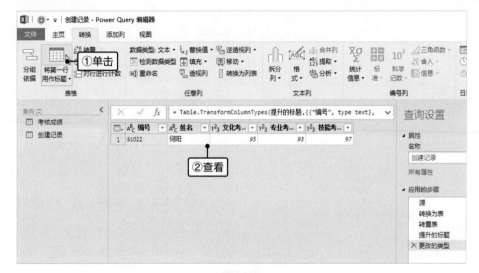

图4-18

从以上构建和转换过程，可以进一步清晰地理解为什么说查询表的行从结构化的角度来讲，可以看作是多个Record容器。

2.构建多条Record记录

构建多条Record记录是指一次可以创建多条记录，其具体的实现方式是结合列表完成的，即将多条Record记录作为List列表的列表值存在，其语法格式为：

={[字段名1=值1,字段名2=值2,……],[字段名1=值1,字段名2=值2,……],……}

下面通过一个具体的实例来理解如何构建多条Record记录。

实例解析

手动构建多条员工考核记录

步骤01 在Power Query中的"查询"任务窗格中选择创建记录查询，在编辑栏中输入"= {[编号="S1022",姓名="何阳",文化考核=95,专业考核=93,技能考核=97],[编号="S1023",姓名="张敏",文化考核=87,专业考核=79,技能考核=90]}"记录构建语句，直接按【Enter】键确认输入，程序自动新建一个List列表，每个列表值就是一条Record记录，如图4-19所示。

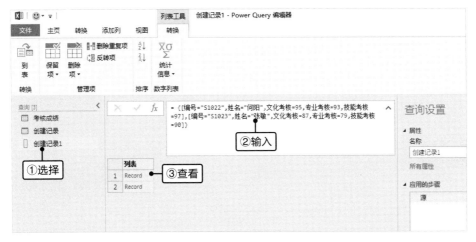

图4-19

步骤02 在编辑栏中单击"添加步骤"按钮，程序自动新建一个自定义1步骤，此时在编辑栏中输入"=Table.FromRecords(源)"公式，按【Enter】键即可将列表中的Record记录展开，如图4-20所示。

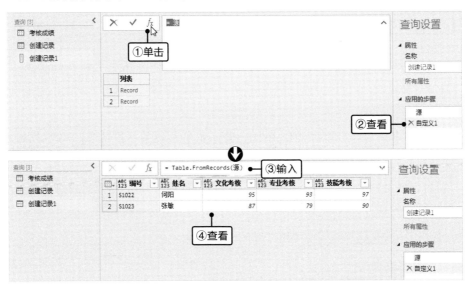

图4-20

在这里是通过M函数Table.FromRecords快速完成列表中记录的展开。如果这里还是像前面通过"列表工具 转换"选项卡中的"到表"按钮转换列表的方式进行查询表的转换操作，则得到的会是包含Record记录的查询表，而具体的记录数据还是没有展开，如图4-21所示。

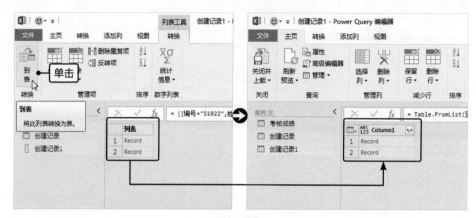

图4-21

如果要展开Record记录的具体内容，就需要使用结构化列的相关功能，具体内容将在本章后面讲解。

4.1.3　Table容器——表

在Power Query中，Table表的标识符是一对英文状态下输入的小括号"()"，与List列表和Record记录构建不同的是，在手动构建Table时，必须添加"#table"内容，其具体的构建语法格式为：

=#table({"字段名1","字段名2",……},{{与字段对应的第一条记录},{与字段对应的第二条记录},……})

对于以上的语法格式，有以下三点需要说明。

①字段名必须加英文状态下的双引号，否则系统将提示错误，这与Record记录的构建原则刚好相反。

②字段名给定几个，后面在设置记录数值时，必须对应几个，如果记录中的值个数与字段名的个数不匹配，程序同样会提示错误。

③根据字段名数量的不同，以及与字段对应的记录的值存在形式不同，构建Table表也存在多种情况。

1.直接运用值构建表

直接运用值构建表有三种情况，分别是构建单行单列的表格、构建单行多列的表格以及构建多行多列的表格。

● **构建单行单列的表格**

构建单行单列表格的语法格式为：

=#table({"字段名1"},{{值1}})

在以上语法格式中：

"字段名1""代表第一列的列标题。

"值1"表示第一行的值。

如图4-22所示为在空白查询的编辑栏中输入"=#table({"姓名"},{{"何阳"}})"语句，按【Enter】键后得到1行1列的查询表。

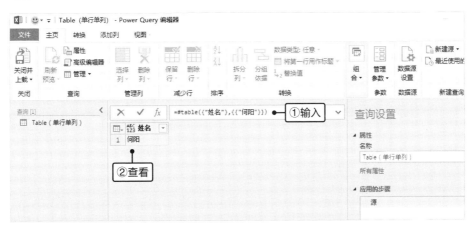

图4-22

🎯 **知识贴士 | Power Query中英文大小写注意**

在Power Query中，程序对英文的大小写有很严格的要求，例如在手动构建Table表时，如果将"#table"写为"#Table"，程序将提示文字无效，如图4-23所示。这点与Excel有明显的区别，因为在Excel中，公式函数的大小写不会影响其运算，照样能够正常执行并输出结果。

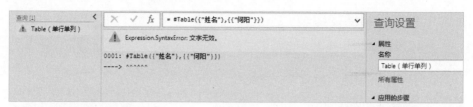

图4-23

● 构建单行多列的表格

构建单行多列表格的语法格式为：

=#table({"字段名1","字段名2","字段名3",……},{{值1,值2,值3,……}})

在以上语法格式中：

"字段名1""代表第一列的列标题。

"字段名2""代表第二列的列标题。

"字段名3""代表第三列的列标题。

"……"代表其他列的列标题，必须用英文状态下的双引号引起来。

"值1,值2,值3,……"表示第一行的值，这里的值的个数取决于前面的列标题个数。

如图4-24所示为在空白查询的编辑栏中输入"=#table({"姓名","部门","联系电话"},{{"何阳","销售部","135407*****"}})"语句，按【Enter】键后得到1行3列的查询表。

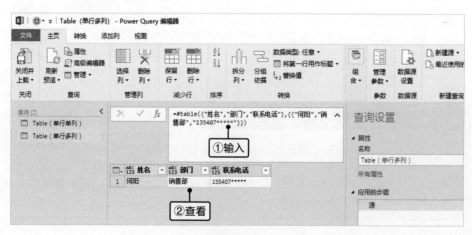

图4-24

● 构建多行多列的表格

构建多行多列表格的语法格式为：

=#table({"字段名1","字段名2","字段名3",……},{{值1-1,值2-1,值3-1,……},{值1-2,值2-2,值3-2,……},……})

在以上语法格式中：

"字段名1"代表第一列的列标题。

"字段名2"代表第二列的列标题。

"字段名3"代表第三列的列标题。

"……"代表其他列的列标题，必须用英文状态下的双引号引起来。

"值1-1,值2-1,值3-1,……"表示第一行的值，这里的值的个数取决于前面的列标题个数。

"值1-2,值2-2,值3-2,……"表示第二行的值，这里的值的个数取决于前面的列标题个数。

"……"表示其他更多行的值，每行值必须用一对大括号"{}"括起来，且大括号中的值的个数必须与字段的个数相同。

如图4-25所示为在空白查询的编辑栏中输入"=#table({"姓名","部门","联系电话"},{{"何阳","销售部","135407*****"},{"赵杰","销售部","139223*****"},{"张敏","销售部","182546*****"}})"语句，按【Enter】键后得到3行3列的查询表。

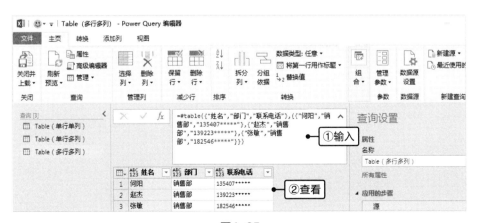

图4-25

2.Table+List构建表

Table+List构建表是指在构建的Table中，某些记录的值为List列表，其具体的语法格式为：

=#table({"字段名1","字段名2",……},{{值1-1,{值2-1},……},……})

在以上语法格式中：

""字段名1""代表第一列的列标题。

""字段名2""代表第二列的列标题。

"……"代表其他列的列标题，必须用英文状态下的双引号引起来。

"值1-1,{值2-1},……"表示第一行的值，这里的值的个数取决于前面的列标题个数。另外，"{值2-1}"值是一个List列表，用一对大括号"{}"括起来，各List列表之间是独立存在的，因此各List列表的值个数可不相同。

"……"表示其他更多行的值，每行值必须用一对大括号"{}"括起来，且大括号中的值的个数必须与字段的个数相同。

如图4-26所示为在空白查询的编辑栏中输入"=#table({"姓名","基本信息"},{{"何阳",{"销售部","135407*****"}},{"赵杰",{"销售部","139223*****"}},{"张敏",{"销售部","182546*****"}}})"语句，按【Enter】键后得到3行2列的查询表，其中每条记录的第二列为List列表。

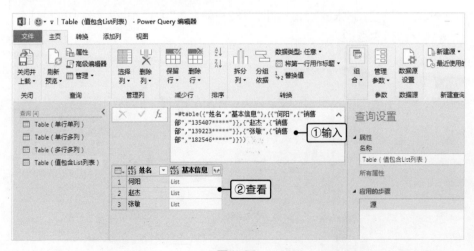

图4-26

单击每个单元格中的List列表值，即可查阅每条记录各自List列表的值，如图4-27所示为单击第一条记录第二列的List列表，程序自动展开该List列表的具体内容。

图4-27

在本例中，为了简化理解，可以将输入的语句简写为：=#table({"姓名","基本信息"},{{"何阳",List1},{"赵杰",List2},{"张敏",List3}})，其中，

List1为：{"销售部","135407*****"}

List2为：{"销售部","139223*****"}

List3为：{"销售部","182546*****"}

3.Table+Record构建表

Table+Record构建表是指在构建的Table中，某些记录的值为Record记录，其具体的语法格式为：

=#table({"字段名1","字段名2",……},{{值1-1,[值2-1],……},……})

在以上语法格式中：

""字段名1""代表第一列的列标题。

""字段名2""代表第二列的列标题。

"……"代表其他列的列标题，必须用英文状态下的双引号引起来。

"值1-1,[值2-1],……"表示第一行的值，这里的值的个数取决于前面的列标题个数。另外，"[值2-1]"值是一条Record记录，用一对英文状态下的中括号"[]"括起来，各Record记录之间是独立存在的，因此各Record记录的字段名称、字段个数可以不一致。

"……"表示其他更多行的值，每行值必须用一对大括号"{}"括起来，且大括号中的值的个数必须与字段的个数相同。

如图4-28所示为在空白查询的编辑栏中输入"=#table({"姓名","基本信息"},{{"何阳",[部门="销售部",联系电话="135407*****"]},{"赵杰",[部门="销售部",联系电话="139223*****"]},{"张敏",[部门="销售部",联系电话="182546*****"]}})"语句,按【Enter】键后得到3行2列的查询表,其中每条记录的第二列为Record记录。

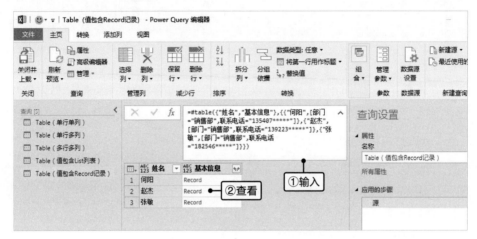

图4-28

单击每个单元格中的Record记录,即可查阅每条记录各自Record记录的值,如图4-29所示为单击第一条记录第二列的Record记录,程序自动展开该记录的具体内容。

图4-29

在本例中,为了简化理解,可以将输入的语句简写为:=#table({"姓名","基本信息"},{{"何阳",Record1},{"赵杰",Record2},{"张敏",Record3}}),其中,

Record1为:[部门="销售部",联系电话="135407*****"]

Record2为:[部门="销售部",联系电话="139223*****"]

Record3为:[部门="销售部",联系电话="182546*****"]

4.Table+Table构建表

Table+Table构建表是指在构建的Table中，某些记录的值为Table表，其具体的语法格式为：

=#table({"字段名1","字段名2",……},{{值1-1,#table(子表),……},……})

在以上语法格式中：

"字段名1""代表第一列的列标题。

"字段名2""代表第二列的列标题。

"……"代表其他列的列标题，必须用英文状态下的双引号引起来。

"值1-1,#table(子表),……"表示第一行的值，这里的值的个数取决于前面的列标题个数。另外，"#table(子表)"值是一个Table子表，用"#table"关键字完成构造，各Table表之间是独立存在的，因此各Table表的具体结构可以不一致。

"……"表示其他更多行的值，每行值必须用一对大括号"{}"括起来，且大括号中的值的个数必须与字段的个数相同。

如图4-30所示为在空白查询的编辑栏中输入"=#table({"姓名","基本信息"},{{"何阳",#table({"部门","联系电话"},{{"销售部","135407*****"}})},{"赵杰",#table({"部门","联系电话"},{{"销售部","139223*****"}})},{"张敏",#table({"部门","联系电话"},{{"销售部","182546*****"}})}})"语句，按【Enter】键后得到3行2列的查询表，其中每条记录的第二列为Table子表。

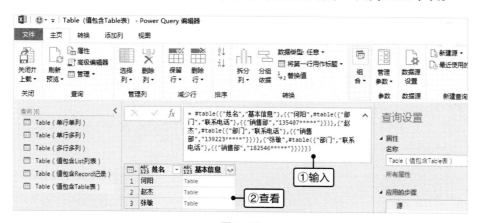

图4-30

单击每个单元格中的Table表，即可查阅每条记录各自Table表的值，如图4-31所示为单击第一条记录第二列的Table表，程序自动展开该记录的具体内容。

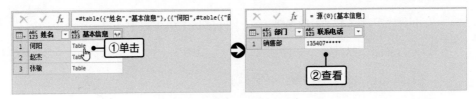

图4-31

在本例中，为了简化理解，可以将输入的语句简写为：=#table({"姓名","基本信息"},{{"何阳",Table1},{"赵杰",Table2},{"张敏",Table3}})，其中，

Table1为：#table({"部门","联系电话"},{{"销售部","135407*****"}})

Table2为：#table({"部门","联系电话"},{{"销售部","139223*****"}})

Table3为：#table({"部门","联系电话"},{{"销售部","182546*****"}})

4.2 结构化列

在Power Query中，如果查询表的列中存在List、Record或者Table类型的值，在"转换"选项卡"结构化列"组中就提供了展开、聚合、提取值3种处理方式，下面分别介绍对这几种类型的数据进行处理。

4.2.1 展开

在4.1.3节中讲解Table+List、Table+Record和Table+Table构建表时，在查看各容器的内容时，都是直接单击对应的容器展开，这种情况下只能临时查看各容器的内容，如果要始终同时查看所有记录中各容器的内容，这就要使用结构化列中的展开功能。

其操作方法比较简单，直接选择包含List列表、Record记录或者Table表的字段列，单击"转换"选项卡"结构化列"组的"展开"按钮即可将各容器具体的内容展示出来，如图4-32所示为展开查询表中List列表中的值。可以查看到，每个List列表中有两个值，对应姓名展开后就存在两条记录，即所有的列表值都被展开到记录上。

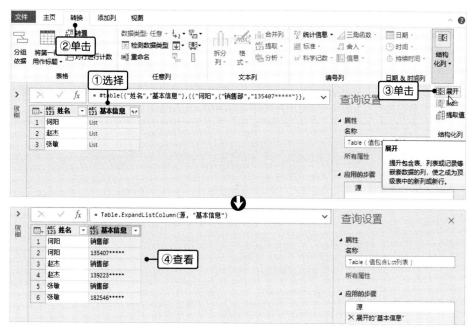

图4-32

如果字段列中的值为Record或者Table，此时程序将打开一个对话框，在其中选择要展开的列，即设置要将Record或者Table中的哪些值展开显示，如果选择所有列，则所有列将以字段列的方式连接到源表右侧，如图4-33所示为展开列中存在Record记录的效果。

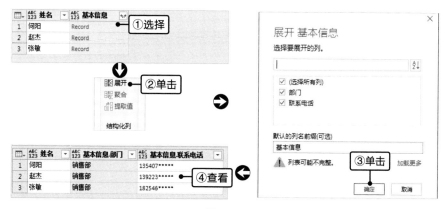

图4-33

在Power Query中，要展开字段列中List列表、Record记录或者Table表的具体内容，还可以通过单击对应字段列中字段名称单元格右侧的"扩展"按钮实现，对于List列表的展开。

对于Record记录或者Table表的展开，在单击"扩展"按钮后，会打开一个面板，确认"展开"单选按钮的选中状态，设置要展开的列，最后单击"确定"按钮即可完成展开操作，如图4-34所示为展开Table中的值的相关操作和效果。

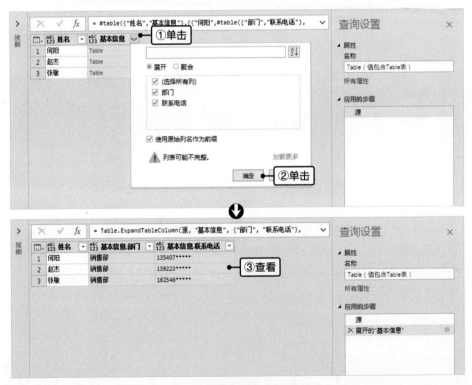

图4-34

4.2.2　聚合

聚合是针对列表值为Table的字段列，其作用是对Table中各字段按照求和、计数、求平均值、求最大值等聚合方式进行聚合。

要在包含Table表的某列中进行聚合操作，其具体的操作如下。

直接选择该列，在"转换"选项卡"结构化列"组中单击"聚合"按钮，或者单击字段名称右侧的"扩展"按钮，在打开的面板中选中"聚合"单选按钮，此时程序自动将当前列中Table表的所有字段显示出来，选中要聚合的字段，设置相应的聚合方式，单击"确定"按钮完成聚合操作，如图4-35所示。本例中通过这个操作即可快速了解各小组的具体人数。

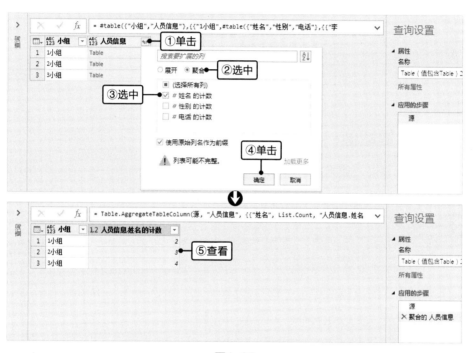

图4-35

知识贴士｜聚合方式说明

在Power Query中，默认情况下文本数据的聚合方式为计数，数字数据的聚合方式为求和，用户也可以根据实际需要更改不同数据类型的聚合方式，其具体操作如下。

直接选择包含Table表的字段列，单击字段名称右侧的"扩展"按钮，在打开的聚合面板中单击每个字段右侧对应的下拉按钮，在弹出的下拉列表中即可查看到有关该数据类型的所有聚合方式，如图4-36所示为文本类型数据的所有聚合方式，选中对应的复选框即可完成聚合方式的更改。

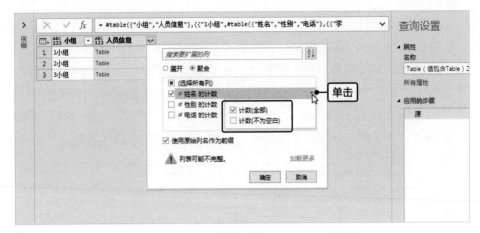

图4-36

4.2.3 提取值

提取值是针对列表值为List列表的字段列。在前面内容中我们介绍的展开List是将List列表中的所有值分为多行显示，而提取值是将List列表中的所有值以字符串的形式在一个单元格中全部显示，各字符串之间的分隔符可以自定义设置。

选择包含List列表的字段列，在"转换"选项卡"结构化列"组中单击"提取值"按钮，或者单击字段名称右侧的"扩展"按钮，在弹出的菜单中选择"提取值"命令，如图4-37所示

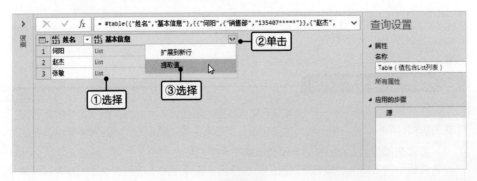

图4-37

在打开的"从列表提取值"对话框中单击下拉列表框右侧的下拉按钮，

在弹出的下拉列表中，选择需要串联列表值所使用的分隔符，这里选择"逗号"选项，单击"确定"按钮，如图4-38所示。

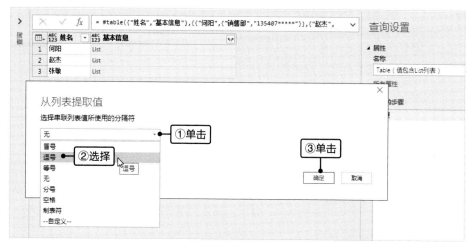

图4-38

程序自动从每个List列表中提取具体的值，应用逗号将各值串联起来，在对应位置展开显示的效果如图4-39所示。

图4-39

4.3 分组统计

在Power Query中，程序提供的分组功能就类似于Excel中的透视表功能，它可以根据指定列的数据对整个查询表进行分组，并按不同的运算方式对查询表的其他列进行统计。

4.3.1 基本分组统计

所谓基本分组就是在查询表中确定一列作为分组依据，然后对查询表的另一列数据进行指定汇总方式的统计。

下面通过具体的实例演示基本分组统计的相关操作。

实例解析

统计各部门第二季度的平均销量

步骤01 在Power Query中打开第二季度销量查询，选择"部门"列，在"主页"选项卡的"转换"组中单击"分组依据"按钮，如图4-40所示。

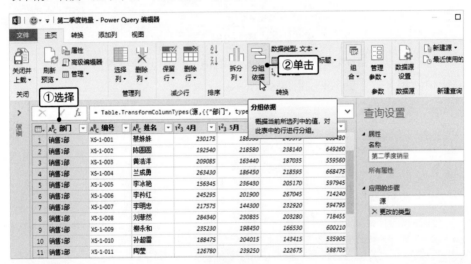

图4-40

步骤02 在打开的"分组依据"对话框中默认选中"基本"单选按钮，保持分组依据下拉列表框中的"部门"选项（如果在步骤01中未选择"部门"列，此时还可以根据该下拉列表框更改分组依据列），在"新列名"文本框中输入"平均销量"，单击"操作"下拉列表框，在弹出的下拉列表中，即可查看到程序提供的各种统计方式，这里选择"平均值"选项，如图4-41所示。

步骤03 在"柱"下拉列表框中选择"总销量"选项，表示对查询表的总销量列数据进行汇总，单击"确定"按钮确认设置，如图4-42所示。

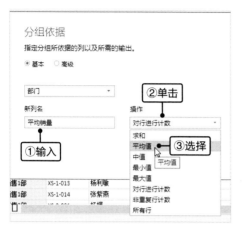

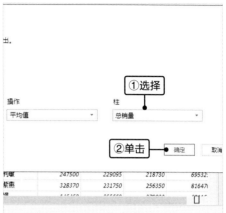

图4-41　　　　　　　　　　　　　　　图4-42

步骤04 程序自动按部门列的数据将整个查询表分组成两行数据，并且将每组部门中的总销量数据进行平均值计算，在对应的平均销量列中显示，即通过如上操作，即可得到销售1部和销售2部第二季度各自的平均销量数据，如图4-43所示。

图4-43

4.3.2　高级分组统计

在基本分组统计中，整个操作只涉及查询表的两列数据，即一列是分组依据，一组是汇总数据列。如果分组依据在两列以上，或者需要得到两个汇总结果，此时就只能通过高级分组完成。

下面通过具体的实例演示高级分组统计的相关操作。

实例解析

统计产品各生产线的总产量和平均产量

步骤01 在Power Query中打开产品生产量统计查询，选择任意字段列，在字段名称上右击，在弹出的快捷菜单中选择"分组依据"命令，如图4-44所示。

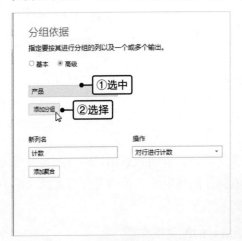

图4-44

步骤02 在打开的"分组依据"对话框中选中"高级"单选按钮，在分组依据下拉列表框中选择"产品"选项，单击"添加分组"按钮，如图4-45所示。

步骤03 程序自动添加一个分组依据下拉列表框，单击该下拉列表框，在弹出的下拉列表中选择"车间"选项，完成两个分组依据的设置，如图4-46所示。

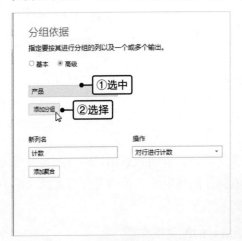

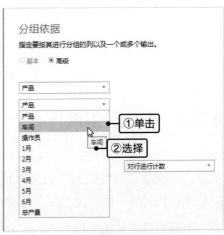

图4-45   图4-46

步骤04 在"新列名"文本框中输入"上半年总产量"文本，在"操作"下拉列表框中选择"求和"选项，在"柱"下拉列表框中选择"总产量"选项，完成各产品各车间总产量的汇总设置，单击"添加聚合"按钮，如图4-47所示。

图4-47

步骤05　程序自动添加一个汇总输出的设置行，在对应的"新列名"文本框中输入"上半年平均产量"文本，在"操作"下拉列表框中选择"平均值"选项，在"柱"下拉列表框中选择"总产量"选项，完成各产品各车间平均产量的汇总设置，单击"确定"按钮关闭对话框并确认所有的设置，如图4-48所示。

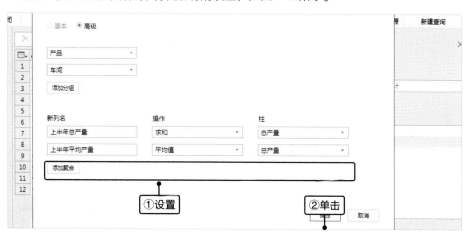

图4-48

步骤06　程序自动按产品和车间将整个查询表分组成6行数据，并且将相同产品且相同车间的总销量数据分别进行求和和求平均值运算，得出各产品各车间上半年的总产量和平均产量数据，如图4-49所示。

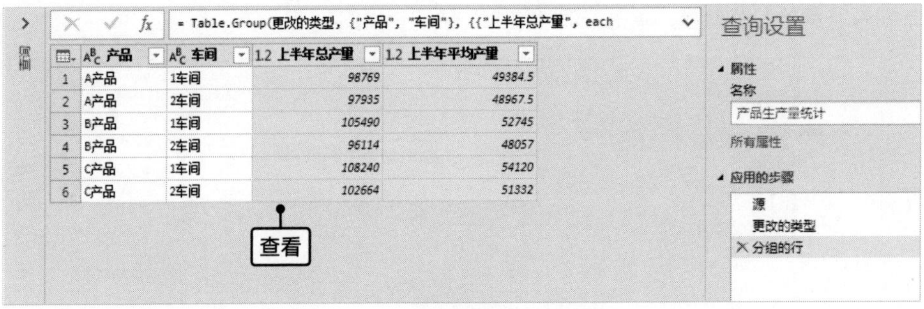

图4-49

需要注意的是，在高级分组统计操作中，设置的多个分组依据或者汇总输出的先后顺序不同，并不会影响最终的分组统计结果，区别在于查询表的输出结果的显示顺序会不同，如图4-50所示为将本例分组统计的分组依据位置设置为先车间后产品得到的结果。

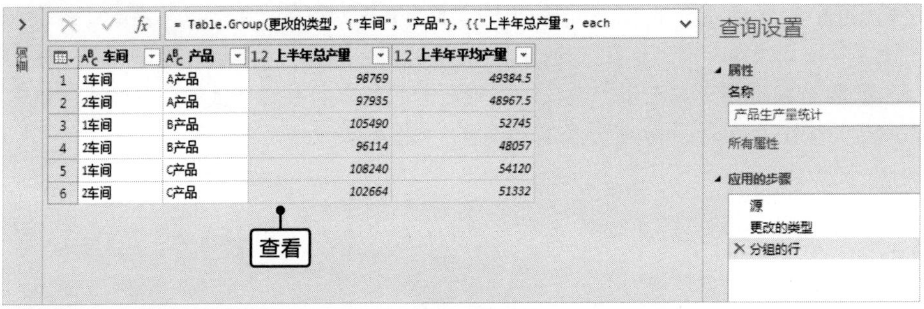

图4-50

知识贴士 | 高级分组统计设置的补充说明

在进行高级分组统计设置时，如果确认以哪些列为分组依据分组查询表，可以选择这几列数据后执行"分组依据"命令，在打开的"分组依据"对话框中会自动切换到高级设置界面，并将选择的两列字段列设置为分组依据，只是这里的多个显示顺序会按照查询表中字段的先后顺序显示，如图4-51所示。如果这个顺序不能满足需要，可以进行调整，直接单击要调整的字段列名称右侧的"更多"按钮，在弹出的下拉列表中选择"上移"或者"下移"选项，即可更改分组依据的显示顺序（如果要删除该分组依据，直接选择"删除"选项即可）。

此外，对于汇总输出行，直接将鼠标光标移动到对应输出行设置的"柱"下拉列表框右侧，也可以显示对应的"更多"按钮，通过该按钮弹出的下拉列表同样可以对输出设置行的顺序，进行调整或者删除输出设置行。

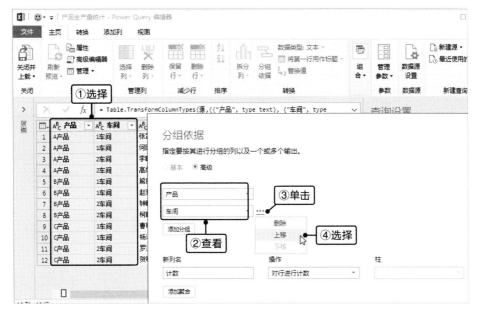

图4-51

4.4 多表合并操作

多表合并是数据处理中经常会涉及的内容，它有两种情况，一种是将同一工作簿内的多表合并，另一种是将多个工作簿的多表合并。下面分别进行介绍。

4.4.1 同一工作簿内的多表合并

同一工作簿内的多表合并是指需要将当前工作簿中的所有数据整合到一张查询表中进行分析。下面通过具体的实例讲解同一工作簿中多表合并的相关操作。

实例解析

将销售业绩统计表文件中的销售1部和销售2部数据合并

步骤01 新建"销售部业绩统计-合并"工作簿，单击"数据"选项卡，在"获取和转换"组中单击"新建查询"下拉按钮，在弹出的下拉菜单中选择"从文件"命令，在弹出的子菜单中选择"从工作簿"命令，如图4-52所示。

步骤02 在打开的"导入数据"对话框中找到文件的保存位置，在中间的列表框中选择需要导入数据的Excel文件，单击"导入"按钮，如图4-53所示。

图4-52

图4-53

步骤03 在打开的"导航器"对话框中选择目标数据源，由于这里需要导入的是工作簿中的所有数据表的数据，因此直接选择工作簿文件，单击"转换数据"按钮，如图4-54所示。

图4-54

步骤04 程序自动创建一个查询，并将工作簿中的两个工作表的数据都导入到查询表中，将查询名称修改为"销售部业绩统计-合并"，由于这里的表格内容是以Table表的形式存储在Data列中，但是在Power Query中，程序不会自动识别表头，会将源表

中的表头当作第一条记录，因此，这里需要展开编辑栏，将其中的公式中倒数第二个
参数的"null"值修改为"true"，表示将第一条记录提升为标题，如图4-55所示。

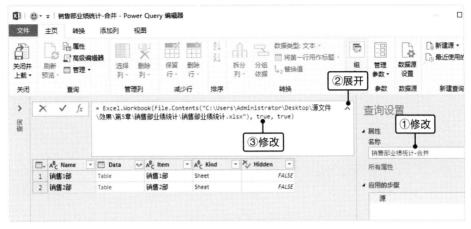

图4-55

步骤05 在导入的内容中，只有第一二列数据有用，其他都是信息列，因此选择
"Name"列和"Data"列，单击"主页"选项卡"管理列"组中的"删除列"按钮下
方的下拉按钮，在弹出的下拉列表中选择"删除其他列"命令将选择列以外的其他列
全部删除，如图4-56所示。

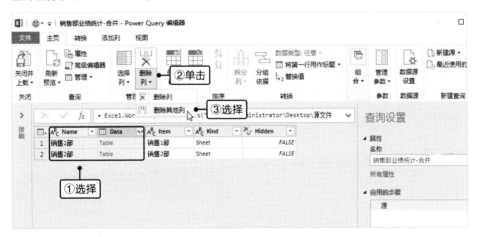

图4-56

步骤06 单击"Data"列对应的"扩展"按钮，在打开的面板中保持"展开"单选按
钮的选中状态，下方列表框中的字段即是各工作表中的标题数据（如果前面没有执行
步骤04，此时的扩展列表框中的字段就显示Power Query自动添加的字段标题），取消
选中"序号"复选框，单击"确定"按钮，如图4-57所示。

图4-57

🔲 **步骤07** 程序自动将各Table表中除序号以外的数据全部展开，分别对各字段列的名称进行重命名，并将各月的业绩和汇总数据的数据类型，设置为数值完成整个操作，如图4-58所示。

图4-58

需要特别说明的是，在Power Query中通过这种导入方式进行合并的表格，其链接位置都是绝对引用，如果更改了链接文件的位置，再次打开合并查询时，程序将提示未能找到路径，此时可以在"查询设置"任务窗格"应用的步骤"列表框中选择"源"步骤，展开编辑栏，重新修改链接文件的路径为新路径，按【Enter】键即可找到链接的文件，如图4-59所示。

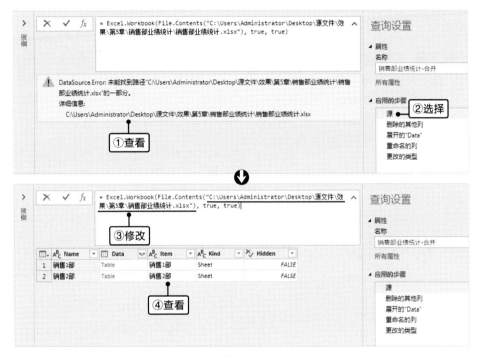

图4-59

4.4.2 多个工作簿的多表合并

其实，通过本书前面内容就已经初步接触过多个工作簿的工作表合并的相关操作，只是那里通过"合并和加载"方式将两个工作簿文件中的表格数据连接起来后，会在Power Query中产生其他查询链接。

本小节中介绍的多个工作簿的多表合并还是通过从文件夹导入的方式导入，但是是以"转换数据"的方式导入，在导入后对源表进行编辑，可以得到独立的一个查询表，完成多Excel文件中的多表合并。

要特别说明的是，对于多个工作簿中存在的工作表的个数是没有限制的，也不要求多个工作簿中的工作表数量要一致，唯一的要求是所有工作表都必须要有相同的结构，即列数和标题都必须相同。下面通过具体的实例讲解多个工作簿的多表合并操作。

实例解析

将销售业绩统计文件夹中的多个工作簿文件数据进行合并

步骤01 在"销售业绩统计-合并"工作簿中单击"数据"选项卡，在"获取和转换"组中执行"新建查询/从文件/从文件夹"命令。在打开的"文件夹"对话框中单击"浏览"按钮，在打开的"浏览文件夹"对话框中找到目标文件夹，单击"确定"按钮，单击"确定"按钮关闭"文件夹"对话框，如图4-60所示。

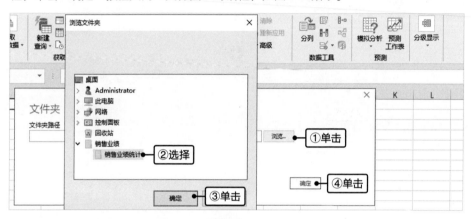

图4-60

步骤02 在打开的对话框中显示了当前选择的工作簿文件中的所有工作表的基本信息，直接单击"转换数据"按钮，如图4-61所示。

图4-61

步骤03　程序自动创建一个查询，并将多个工作簿中的两个工作表的数据都导入到查询表中，将查询名称修改为"销售业绩统计-合并"，由于各工作簿是保存在"Content"列的Binary二进制文件中，因此有用的字段列只有"Content"列和"Name"列。依次选择这两列字段列，单击"主页"选项卡"管理列"组中的"删除列"按钮下方的下拉按钮，在弹出的下拉列表中选择"删除其他列"命令，将选择列以外的其他列全部删除，如图4-62所示。

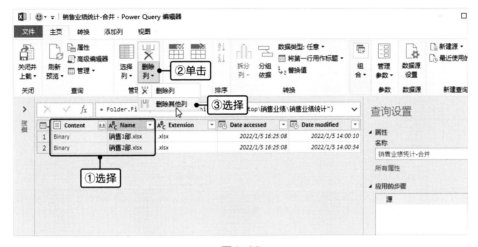

图4-62

步骤04　要获取各工作簿中的工作表内容，就需要对"Content"列的Binary二进制文件进行解析，直接单击"添加列"选项卡，在"常规"组中单击"自定义列"按钮，如图4-63所示。

图4-63

步骤05 在打开的"自定义列"对话框的"自定义列公式"文本框中输入"=Excel. Workbook()"M函数,将文本插入点定位到括号中间,双击"可用列"列表框中的 "Content"字段(也可以直接输入"[Content]"这个部分),再输入",true"完成自定义列的设置,单击"确定"按钮,如图4-64所示。

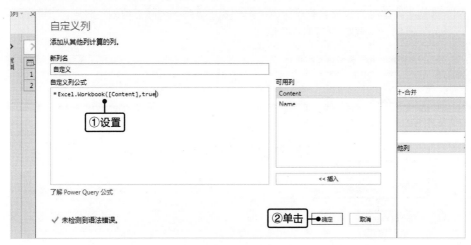

图4-64

知识贴士 | Excel.Workbook()函数使用说明

本例在步骤05中自定义列时使用了一个Excel.Workbook()M函数,该函数的作用是解析二进制工作簿"Binary",在本例中为Excel.Workbook()设置了两个参数,其中:

第一个参数的作用是指定要解析的内容,这里为"Content"列的"Binary"二进制文件。

第二个参数的作用是用于指定是否将解析出来的数据首行设置为标题,默认值为false,表示不将首行设置为标题行;如果要将首行设置为标题行,将第二个参数设置为true即可,如本例。

步骤06 完成工作簿文件的解析后,"Content"字段列就不需要了,在字段名称上右击,在弹出的快捷菜单中选择"删除"命令将该列删除,如图4-65所示。

步骤07 虽然完成了工作簿二进制文件的解析,但是在自定义列中仍然以Table表的形式存在,因此需要对其进行扩展,直接单击"自定义列"字段列对应的"扩展"按钮,在打开的面板的列表框中有许多字段复选框,这些字段是对每个工作表的基本信息叙述，其中的"Data"字段为保存每个工作表具体内容的字段，因此直接取消选中"（选择所有列）"复选框，单独选中"Data"复选框，单击"确定"按钮，如图4-66所示。

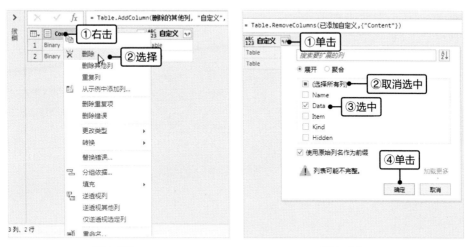

图4-65   图4-66

步骤08 单击"自定义.Data"字段列对应的"扩展"按钮，在打开的面板中取消选中"序号"复选框，单击"确定"按钮，如图4-67所示。程序自动将每个工作表中的所有记录展开，并在一个查询表中合并显示。

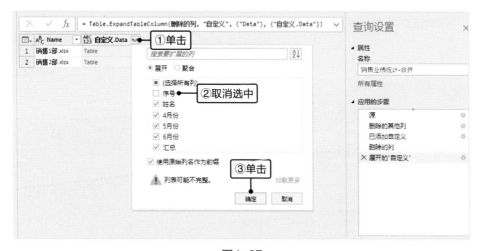

图4-67

步骤09 为了区别每条记录的所属部门，这里需要对"Name"字段列进行处理，选择该字段列，单击"转换"选项卡，在"任意列"组中单击"替换值"按钮，在打开的"替换值"对话框的"要查找的值"文本框中输入".xlsx"内容，不设置"替换为"参数，直接单击"确定"按钮即可将字段列中所有文本内容中的".xlsx"内容替换为空值，即仅保留部门数据，如图4-68所示。

图4-68

步骤10 至此已经基本完成了两个工作簿文件中所有工作表数据的合并操作了，但是合并表的字段名称和数据类型还不规范，这里需要对列的字段名称进行重命名，并设置合适的数据类型，此时展开"查询"任务窗格，可以看到，合并的查询表是一个独立的查询，并没有其他多余的组，如图4-69所示。

图4-69

知识贴士 | 为什么本例要扩展两次才能获得工作表的内容

如果字段列的值为Table，通常扩展后就可以直接将表格的内容展示出来，为什么在本例中要扩展两次，才能获得工作表的具体内容呢？

这是因为第一次扩展的Table是每个Binary中包含的多个工作表信息表格，第二次扩展是每个工作表的Data字段Table表格，即每个工作表的具体内容，下面通过逐级单击对应的Binary和工作表中Data字段的Table来理解，如图4-70所示。

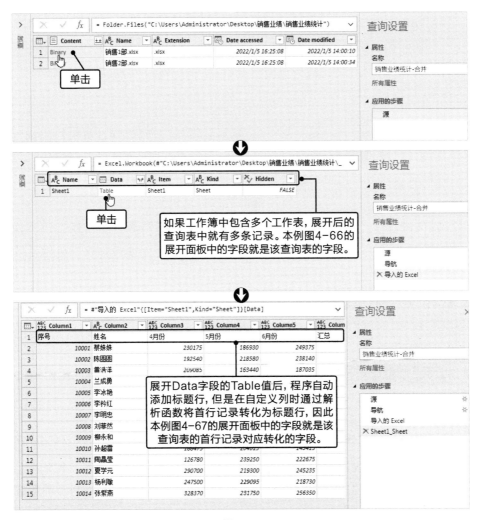

图4-70

4.5　查询表的合并操作

多表数据的合并除了能在导入Power Query时合并，也可以在Power Query中根据已有的查询进行合并。对于查询表的合并有两种情况，一种是直接合并，另一种是追加查询，下面分别介绍。

4.5.1　合并查询操作

在Power Query中，合并查询是指将两个查询表按照共有的字段列合并成一个查询表。在"主页"选项卡"组合"组中单击"合并查询"按钮右侧的下拉按钮，在弹出的下拉菜单中即可查看到Power Query提供的两种合并方式，如图4-71所示。

图4-71

这两种合并方式的区别在于合并后的内容的存储位置。

● **合并查询** 执行该命令后程序自动将合并的查询在主表上显示，直接单击"合并查询"按钮的效果与执行该命令的效果一样。

● **将查询合并为新查询** 执行该命令后，程序会新建一个查询，并将合并查询的结果保存在新建的查询中。

知识贴士｜什么是主表和匹配表

在Power Query中，通常将选择的第一个查询表作为主表，也称为左表；未选择的第二个查询表作为匹配表，也称右表。

合并查询是针对两个查询表的合并，而具体如何合并则取决于选择的连接类型，因此在学习合并查询操作之前，首先来了解合并查询中的六种连接类型。

1.左外部（第一个中的所有行，第二个中的匹配行）

【合并规则】保留主表字段列的所有项，并与匹配表共有字段列匹配。若主表未在匹配表中匹配到对应的项，则合并结果在匹配表中显示null；若匹配表存在主表中未有的项，则合并结果不显示匹配表的特有项。

如图4-72所示为左外部连接类型的合并示意图与合并示例。

图4-72

如图4-73所示为左外部连接类型的合并示例。

主表 姓名	笔试成绩		匹配表 姓名	机试成绩
张三	80	+	张三	85
李四	91		王五	86

左外部连接

合并表 姓名	笔试成绩	匹配表.姓名	匹配表.机试成绩
张三	80	张三	85
李四	91	null	null

图4-73

2.右外部（第二个中的所有行，第一个中的匹配行）

【合并规则】保留匹配表字段列的所有项，并与主表共有字段列匹配。若匹配表未在主表中匹配到对应的项，则合并结果在主表中显示null；若主表存在匹配表中未有的项，则合并结果不显示主表的特有项。

如图4-74所示为右外部连接类型的合并示意图与合并示例。

图4-74

如图4-75所示为右外部连接类型的合并示例。

主表	姓名	笔试成绩
	张三	80
	李四	91

+

匹配表	姓名	机试成绩
	张三	85
	王五	86

右外部连接

合并表	姓名	笔试成绩	匹配表.姓名	匹配表.机试成绩
	张三	80	张三	85
	null	null	王五	86

图4-75

3.完全外部（两者中的所有行）

【合并规则】保留主表和匹配表共有字段列的所有项。若主表存在匹配表中未有的项，则合并结果在匹配表中显示null；若匹配表存在主表中未有的项，则合并结果在主表中显示null。

如图4-76所示为完全外部连接类型的合并示意图与合并示例。

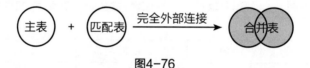

图4-76

如图4-77所示为完全外部连接类型的合并示例。

主表	姓名	笔试成绩
	张三	80
	李四	91

+

匹配表	姓名	机试成绩
	张三	85
	王五	86

完全外部连接

合并表	姓名	笔试成绩	匹配表.姓名	匹配表.机试成绩
	张三	80	张三	85
	null	null	王五	86
	李四	91	null	null

图4-77

4.内部（仅限匹配行）

【合并规则】将主表与匹配表的共有字段列进行匹配，保留主表匹配到的项。对于没有匹配到的项，无论是主表特有，还是匹配表特有，在合并表中都不显示。

如图4-78所示为内部连接类型的合并示意图与合并示例。

图4-78

如图4-79所示为内部连接类型的合并示例。

主表	姓名	笔试成绩
	张三	80
	李四	91

匹配表	姓名	机试成绩
	张三	85
	王五	86

内部连接

合并表	姓名	笔试成绩	匹配表.姓名	匹配表.机试成绩
	张三	80	张三	85

图4-79

5.左反（仅限第一个中的行）

【合并规则】将主表与匹配表的共有字段列进行匹配，保留主表特有的项，并且在合并表中的匹配表中显示null。对于主表和匹配表共有的项，以及匹配表特有的项，在合并表中都不显示。

如图4-80所示为左反连接类型的合并示意图与合并示例。

图4-80

如图4-81所示为左反连接类型的合并示例。

主表	姓名	笔试成绩
	张三	80
	李四	91

\+

匹配表	姓名	机试成绩
	张三	85
	王五	86

左反连接

合并表	姓名	笔试成绩	匹配表.姓名	匹配表.机试成绩
	李四	91	null	null

图4-81

6.右反（仅限第二个中的行）

【合并规则】将主表与匹配表的共有字段列进行匹配，保留匹配表特有的项，并且在合并表中的主表中显示null。对于主表和匹配表共有的项，以及主表特有的项，在合并表中都不显示。

如图4-82所示为右反连接类型的合并示意图与合并示例。

图4-82

如图4-83所示为右反连接类型的合并示例。

主表	姓名	笔试成绩
	张三	80
	李四	91

\+

匹配表	姓名	机试成绩
	张三	85
	王五	86

右反连接

合并表	姓名	笔试成绩	匹配表.姓名	匹配表.机试成绩
	null	null	王五	86

图4-83

下面通过具体的实例演示在Power Query中对查询进行合并的具体操作。

实例解析

将员工部门信息和工资信息合并在一起

步骤01　在Power Query中打开员工部门信息查询，在"主页"选项卡的"组合"组中单击"合并查询"按钮右侧的下拉按钮，在弹出的下拉菜单中选择"将查询合并为新查询"命令，如图4-84所示。

图4-84

步骤02　在打开的"合并"对话框的第一个下拉列表框中默认选择"员工部门信息"选项，该选项设置的是主表，在主表中选择共有字段列，这里选择"员工编号"列（也可以将匹配表设置后再选择共用字段列），单击下方的下拉列表框，在弹出的下拉列表中选择"员工工资信息"选项完成匹配表的选择，如图4-85所示。

图4-85

步骤03 程序自动在其下方加载匹配表的记录，选择"员工编号"列，保持连接种类为"左外部(第一个中的所有行，第二个中的匹配行)"，单击"确定"按钮确认设置的合并依据，如图4-86所示。

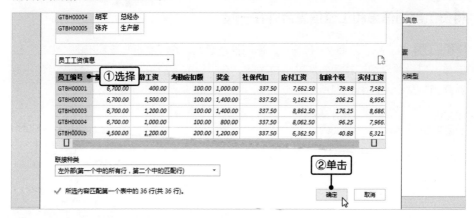

图4-86

步骤04 程序自动新建一个名为"合并1"的合并查询表，在其中可以看到合并表中完全显示主表的所有字段，匹配表则是以列的方式添加到最右侧，列中的数据是Table值，单击该字段列对应的"扩展"按钮，在打开的面板中取消选中"员工编号"复选框，取消选中"使用原始列作为前缀"复选框，单击"确定"按钮关闭对话框，如图4-87所示。

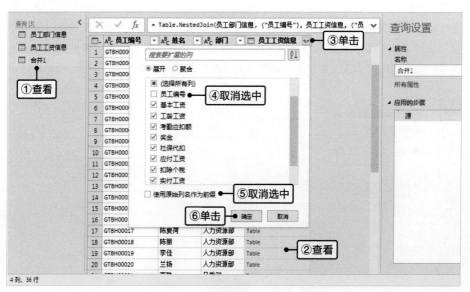

图4-87

步骤05 程序自动将Table表指定的字段列内容展开，并且联接在主表的右侧，至此完成了两个查询表中数据的合并操作，最后修改合并查询表的名称即可，如图4-88所示。（合并表中匹配表的字段是以源表中的字段显示的，如果在步骤04中未执行取消选中"使用原始列作为前缀"复选框的操作，则合并表中匹配表的每个字段名称前面都会添加"员工工资信息."前缀。）

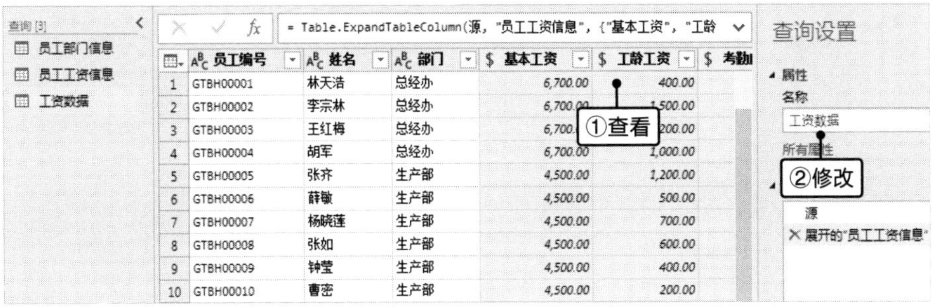

图4-88

4.5.2 追加查询操作

前面介绍的合并查询是将多个查询表内容横向合并，而追加查询是指将多个查询表纵向合并，要想合并有意义，必须确保多个查询表的结构相同，且字段名相同。

追加查询表也有两种情况，即追加查询和将查询追加为新查询，如图4-89所示。二者的作用与合并查询的两种情况一样，区别在于追加合并的结果是在主表中显示还是在新建的查询表中显示。

图4-89

下面通过具体的实例演示在Power Query中追加查询的相关操作。

实例解析

将各部门员工升职考核结果合并在一起

步骤01 在Power Query中打开行政部考核查询，在"主页"选项卡的"组合"组中单击"追加查询"按钮右侧的下拉按钮，在弹出的下拉菜单中选择"将查询追加为新查询"命令，如图4-90所示。

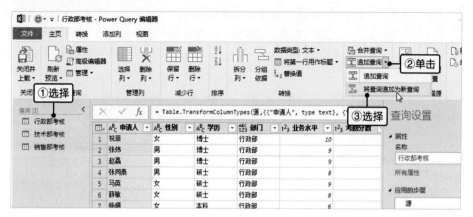

图4-90

步骤02 在打开的"追加"对话框中选中"三个或更多表"单选按钮，将左侧"可用表"列表框中的查询表添加到右侧的"要追加的表"列表框中（需要追加哪些表，就添加哪些表即可，程序默认按"要追加的表"列表框中的顺序追加合并指定查询表），单击"确定"按钮确认设置并关闭"追加"对话框，如图4-91所示。

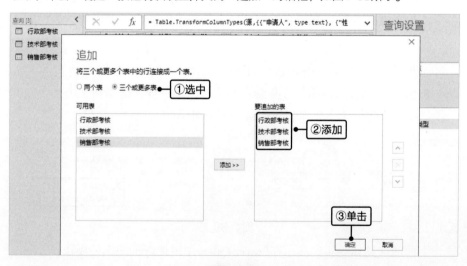

图4-91

步骤03 程序自动创建一个"追加1"查询表，在其中即可查看到程序完成了各个查询表的追加合并操作，最后将查询名称修改为"考核结果汇总"，完成整个操作，如图4-92所示。

图4-92

知识贴士 | 两个查询表的追加合并说明

　　如果只需要对两个查询表进行追加合并，在"追加"对话框中可以保持"两个表"单选按钮的选中状态，在"主表"下拉列表框中选择主表，在"要追加到主表的表"下拉列表框中选择追加表，如图4-93所示。最后单击"确定"按钮即可完成两个表的追加合并。

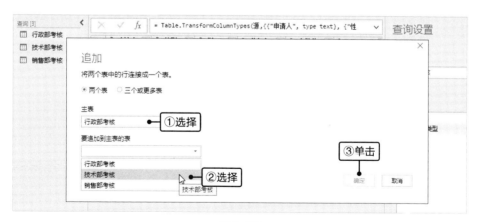

图4-93

第5章
功能扩充：M语言的重要认识

学习目标

　　前面章节我们学习的Power Query数据处理与清洗操作，都是通过程序提供的菜单命令完成的。虽然通过这些操作能够完成一些数据处理操作，但是想要进行更复杂的清洗操作，就需要借助M语言来扩充Power Query的功能。本章就将针对M语言的一些基本入门知识进行快速了解。

知识要点

- M语言在哪里编写
- 认识M语言的结构
- M代码错误监测与查找
- M语言的常见运算符
- M语言中的注释
- 分支语句
- 错误捕获与处理语句
- 了解M函数的基本结构
- 查看所有内置函数
- 查看指定函数的帮助

5.1 M语言快速入门

在Power Query中，所有的数据处理操作其实都是通过编写M语言来完成的。只是我们在通过菜单命令执行数据清洗操作时，程序自动生成了对应的M公式。下面我们将具体来了解M语言的相关知识。

5.1.1 M语言在哪里编写

在介绍Power Query编辑器界面时已经了解到，在编辑器中执行的每个步骤，在"查询设置"任务窗格的"应用的步骤"列表框中选择操作步骤，即可在编辑栏中查看到对应的M公式语句。但是这种方式只能一次查看一条M语句，通过编辑栏也只能一条一条语句来编写。

在Power Query中，可以单击"视图"选项卡"高级"组中的"高级编辑器"按钮，在打开的"高级编辑器"窗口中，可以查看到当前查询中的所有M公式语句，如图5-1所示。

图5-1

通过"高级编辑器"窗口不仅可以查看M代码，还可以非常方便地编写和修改代码。

5.1.2 认识M语言的结构

M语言是Power Query中的一种函数式编程语言，是通过编写M公式来完成对应的处理操作。

M语言的基本结构是"let...in..."，其中，"let"表示查询开始，"in"表示查询结束，二者之间编写M执行语句，"in"后面就是指定的查询输出结果，其结构如下。

```
let
    [M执行语句]
in
    [输出结果]
```

下面从M语言的写法、解析M执行语句以及M语言中变量的命名规则三个方面来理解M语言的结构。

1.M语言的写法

M语言的结构又可以分为单行写法和多行写法，下面分别对这两种写法进行具体介绍。

● 单行写法

单行写法就是将所有的M语句在一行中连续编写。

【示例】

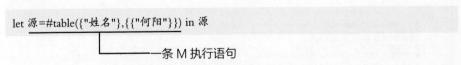

以上代码只有一条M执行语句"源=#table({"姓名"},{{"何阳"}})"，其作用是手动构建一行一列的Table表。

如果有多条M执行语句，则各语句之间要使用英文逗号分隔。

【示例】

let 源={"A".."Z"},保留的项=List.FirstN(源,3) in 保留的项
　　　　　　　　　　　　　　　　　　　　　　　第二条 M 执行语句
　　　　　　　　　　　　　　　　　M 执行语句分隔符
　　　　　　　　　　　　　　　　　第一条 M 执行语句

以上代码有两条M执行语句，分别是手动构建List列表的"源={"A"..."Z"}"语句，以及保留创建列表的前三条记录的"保留的项=List.FirstN(源,3)"语句。

● **多行写法**

多行写法就是将多条M语句分别写在多行，除了末行以外，其他每一行的末尾都要添加英文逗号。

【示例】

```
let
    源 = Excel.CurrentWorkbook(){[Name="表1"]}[Content],
    删除的行 = Table.RemoveRowsWithErrors(源, {"总成绩", "平均成绩"}),
    保留的行 = Table.FirstN(删除的行,5)
in
    保留的行
```

在以上代码中有三条M执行语句，第一条语句的作用是从指定工作簿中获取指定表的记录，第二条语句的作用是从获取的数据中删除总成绩和平均成绩存在错误值的行，第三条语句的作用是从删除存在错误值的查询结果中筛选出前五行记录。

多行书写的M语言，其结构非常清晰，而且也便于代码的阅读，因此这种结构也是比较常用的书写结构。但是，需要注意的是，在多行书写中，每一条M执行语句的末尾都要添加英文逗号，最后一条M执行语句不需要添加任何符号。

2.解析M执行语句

M执行语句是整个M结构中的主体，也是对数据进行处理和清洗的关键内容，其基本结构如下。

变量名=具体的执行语句

【示例】

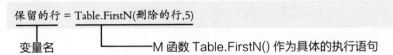

保留的行 = Table.FirstN(删除的行,5)

变量名 ────────── M 函数 Table.FirstN() 作为具体的执行语句

通常，在Power Query中使用菜单命令对数据进行处理，其每个步骤都指向上个步骤的变量，如下所示的示例中，从第二行M执行语句开始，后一行的M执行语句中M函数的参数都是上一行的变量。

【示例】

```
let
    源 = Excel.CurrentWorkbook(){[Name="表1"]}[Content],
    删除的行 = Table.RemoveRowsWithErrors(源, {"总成绩", "平均成绩"}),
    保留的行 = Table.FirstN(删除的行,5)
in
    保留的行
```

3.M语言中变量的命名规则

任何语言，要想正确执行，都必须要遵循一定的规则，在Power Query中，M语言的变量命名也要遵循以下的规则。

①M语言的变量作为一种标识符，可以很好地标识每句M语句的作用，因此变量的命名必须要有意义，不能太过随意。

②在Power Query中，允许变量为汉字，这对英语基础差的用户来说，是非常方便的。但是如果要用英文来定义变量，就必须区分大小写，例如，UserName变量和username变量是不一样的。

③定义的变量不能以符号和数字打头，可以以汉字、字母和下画线"_"打头。例如，"用户密码""PassWord""_PassWord"都是合法的变量，"1Number"是不合规的变量。

④下画线可以作为变量的连接符，例如"Pass_Word"。

5.1.3 M代码错误监测与查找

只有合法、正确的M语句才能正确执行，如果写了错误的M语句，是不能执行的。在Power Query中，程序提供了非常智能的代码错误查找功能，可以帮助用户方便地查找错误。

1.自动监测编写错误

如果用户是在"高级编辑器"窗口中编写M代码，当用户输入了错误的代码后，程序立刻会监测到编写的错误，并在窗口底端提示错误，直接单击下方的"显示错误"链接，即可快速在编辑器中高亮显示有错误的地方，方便用户快速排查错误，如图5-2所示。

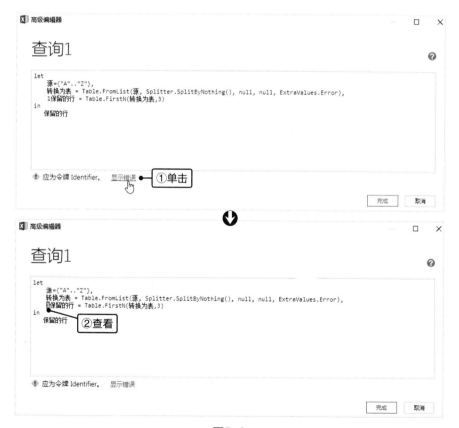

图5-2

2.自动监测运行错误

在编写M代码时，如果所有的语句都是按照语法规则正确编写，此时"高级编辑器"窗口底端会出现"未检测到语法错误"的提示信息，直接单击"完成"按钮执行代码，如图5-3所示。

图5-3

如果代码没有问题就会正确输出结果，如果代码运行错误，程序会自动显示监测到的错误，并说明错误原因，如图5-4所示。

图5-4

从上图中的错误信息提示中可以了解到，这里的错误是由于使用"+"运算符连接了Text类型和Number类型的数据，一个是文本，一个是数字，二者不能进行加法运算。

3.常见错误类型认识

要想更好地识别错误并解决错误，对于一些常见的错误类型要有一定的了解，具体如表5-1所示。

表 5-1　常见的错误类型及原因

错误	错误原因
应为令牌 identifier	标识符定义不符合规范，检查标识符是否以数字或字符打头
应为令牌 comma	标点符号使用错误,检查语句之间是否缺少逗号，"()""[]""{}"是否是成对出现
标识符无效	输入法使用错误，检查是否使用了中文输入法的（），换成英文输入法的 () 试试
Expression.Error：无法识别名称 "***"	常见于变量不存在（多是大小写不匹配或者变量没有赋值引起的）、函数名拼错、文本没加英文双引号 ""，或是版本过低导致新增的函数无法识别等
DataFormat.Error：无法转换为 ***	常见于数据类型转换出错，一般出错都在系统自动生成的"更改的类型"这一步，找到更改类型对应的 M 语句进行类型修改即可

5.1.4　M语言的常见运算符

与Excel中处理数据一样，在Power Query中编写M代码时，通过运算符可以方便地对数据进行算术、比较、连接和逻辑运算符。下面具体来认识一下这些运算符。

1.算术运算符

算术运算符主要用于对数据进行各种数学运算，各种算术运算符及其作用如表5-2所示。

表 5-2　算术运算符的具体作用

算术运算符	作用
+	对数据进行加法运算

算术运算符	作用
−	对数据进行减法运算
*	对数据进行乘法运算
/	对数据进行除法运算

2.比较运算符

比较运算符主要用于比较两个不同数据的值，当等式成立，则结果返回逻辑值TRUE；当等式不成立，则结果返回逻辑值FALSE，各种比较运算符及其作用如表5-3所示。

表5-3　比较运算符的具体作用

比较运算符	作用
=	判断运算符两侧的参数是否相等
>	判断运算符左侧参数是否大于右侧参数
<	判断运算符左侧参数是否小于右侧参数
>=	判断运算符左侧参数是否大于等于右侧参数
<=	判断运算符左侧参数是否小于等于右侧参数
<>	判断运算符两侧的参数是否不相等

3.连接运算符

连接运算符只有一个，即和号（＆），主要用于对文本、列表、记录、表格等进行连接。各种连接示例如下。

【文本连接示例】

结果="Power Query" & "基本应用"

等价于　结果 ={1,2,3,"A","B","C"}

【列表连接示例】

结果={1..3} & {"A".."C"}

等价于　结果 ={1,2,3,"A","B","C"}

【记录连接示例】

结果=[姓名="张三"]&[部门="销售部"]

等价于　结果 =[姓名 =" 张三 ", 部门 =" 销售部 "]

【表格连接示例】

结果=#table({"姓名","性别"},{{"张三","男"}})&#table({"姓名","性别"},{{"李四","男"}})

等价于　结果 =#table({" 姓名 "," 性别 "},{{" 张三 "," 男 "},{" 李四 "," 男 "}})

4.逻辑运算符

　　逻辑运算符主要用于对数据进行各种逻辑运算，与比较运算符一样，逻辑运算的返回结果也是逻辑值TRUE和FALSE。各种逻辑运算符及其作用如表5-4所示。

表5-4　逻辑运算符的具体作用

逻辑运算符	作用
and	对数据进行并集运算，也称逻辑与运算。当指定的所有条件都成立时，该函数返回逻辑真值 TRUE；只要有一个条件不成立，则函数返回逻辑假值 FALSE
or	对数据进行交集运算，也称逻辑或运算。只要指定的所有条件中有一个条件成立，该函数返回逻辑真值 TRUE；当所有条件都不成立时，则函数返回逻辑假值 FALSE
not	对逻辑判断结果取反，当指定数据为真，则取反后为假；当指定的数据为真值，则取反后为假值

　　在Power Query中，程序符会按算术运算符→比较运算符→逻辑运算符的顺序来进行运算，在算术运算符的各运算中，则按照先乘除后加减的顺序运算。但是也允许用户使用括号"()"来改变各运算符的优先级。

5.1.5 M语言中的注释

注释简单理解就是标注、解释、说明。在"高级编辑器"窗口中编写M代码时，为了提高代码的可读性，以及方便调试代码，可以为某些不执行的语句添加注释，程序就会自动过滤掉这些注释的语句。在Power Query中，注释有两种情况，一种是单行注释，另一种是多行注释，下面分别进行介绍。

1.单行注释

所谓单行注释即对代码中的某一行进行注释，通常使用"//"标识符号。单行注释可以是说明内容的注释，也可以是M执行语句的注释。注释用途不同，对应的操作也不同。

● 添加说明

对添加的说明进行注释的方式有两种，既可以单独在一行显示，也可以在代码后面显示。

【示例1】

```
let
    //构建多行多列的Table表
    源=#table({"姓名","性别"},{{"张三","男"},{"李四","男"}})
in
    源
```

独立的注释

【示例2】

```
let
    源=#table({"姓名","性别"},{{"张三","男"},{"李四","男"}})    //构建多行多列Table表
in
    源
```

在 M 执行语句后面添加的注释

● 注释语句

如果要将M代码中的单行M执行语句进行注释，这种情况下不仅仅是在该语句前面添加"//"标识符号注释单行就行了，还需要对应检查语句末尾

的逗号分隔符以及对应的变量参数是否修改。

【示例】

▼原代码

```
let
    源 = Excel.CurrentWorkbook(){[Name="表1"]}[Content],
    删除的行 = Table.RemoveRowsWithErrors(源, {"总成绩", "平均成绩"}),
    保留的行 = Table.FirstN(删除的行,5)
in
    保留的行
```

▼注释后

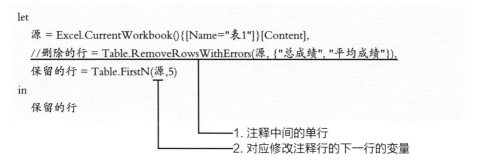

```
let
    源 = Excel.CurrentWorkbook(){[Name="表1"]}[Content],
    //删除的行 = Table.RemoveRowsWithErrors(源, {"总成绩", "平均成绩"}),
    保留的行 = Table.FirstN(源,5)
in
    保留的行
```

1. 注释中间的单行
2. 对应修改注释行的下一行的变量

```
let
    源 = Excel.CurrentWorkbook(){[Name="表1"]}[Content],
    删除的行 = Table.RemoveRowsWithErrors(源, {"总成绩", "平均成绩"})
    //保留的行 = Table.FirstN(删除的行,5)
in
    删除的行
```

1. 注释末行　　　2. 删除末行的逗号
3. 修改新的输出变量

2.多行注释

如果需要注释的行有很多，逐行添加"//"标识符号显得有点烦琐，此时可以使用"/*……*/"方式一次性注释多行，其中，"/*"标识符号表示注释的开始位置，"*/"标识符号表示注释的结束位置。在这两个标识符号之间的内容就是被注释的内容，是不被执行的。

同样的，如果是多行注释内容，直接在任意位置添加即可，但是如果是注释多行M执行语句，也要在注释后检查语句末尾的逗号分隔符以及对应的变量参数是否修改。

下面来看一个具体的示例。

【示例】

▼原代码

```
let
    源 = Excel.CurrentWorkbook(){[Name="表1"]}[Content],

    //更改导入表字段的数据类型
    更改的类型=Table.TransformColumnTypes(源,{{"产品", type text}, {"车间", type text},
{"操作员", type text},{"1月", Int64.Type}, {"2月", Int64.Type}, {"3月", Int64.Type}, {"4
月", Int64.Type}, {"5月", Int64.Type}, {"6月", Int64.Type}, {"总产量", Int64.Type}}),

    //汇总各产品各车间上半年的总产品和平均产量
    分组的行=Table.Group(更改的类型,{"产品", "车间"},{{"上半年总产量",each List.Sum
([总产量]), type number}, {"上半年平均产量", each List.Average([总产量]), type number}})
in
    分组的行
```

▼注释后

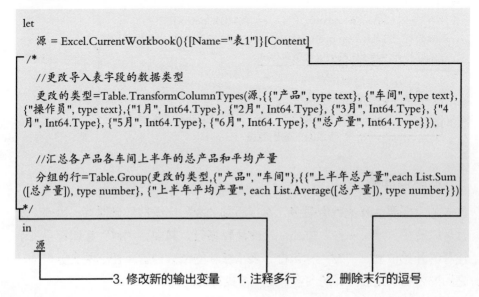

```
let
    源 = Excel.CurrentWorkbook(){[Name="表1"]}[Content]
/*
    //更改导入表字段的数据类型
    更改的类型=Table.TransformColumnTypes(源,{{"产品", type text}, {"车间", type text},
{"操作员", type text},{"1月", Int64.Type}, {"2月", Int64.Type}, {"3月", Int64.Type}, {"4
月", Int64.Type}, {"5月", Int64.Type}, {"6月", Int64.Type}, {"总产量", Int64.Type}}),

    //汇总各产品各车间上半年的总产品和平均产量
    分组的行=Table.Group(更改的类型,{"产品", "车间"},{{"上半年总产量",each List.Sum
([总产量]), type number}, {"上半年平均产量", each List.Average([总产量]), type number}})
*/
in
    源
```

3. 修改新的输出变量   1. 注释多行   2. 删除末行的逗号

"//"注释方式和"/*……*/"注释方式除了在注释行数上有所区别以外，还有一个更显著的区别，即：对于"/*……*/"注释方式，它可以出现在代码的任何位置。这对于在某些语句中单独对个别用法进行注释是非常方便的。

【示例】

```
let
    源=#table({"姓名","性别"},{{"张三","男"},{"李四","男"}/*两组{}表示两条记录*/})
in
    源
```

在 M 执行语句中间添加说明

这种应用是使用"//"标识符号无法实现的，因为使用"//"标识符号进行注释，其过滤掉的是"//"标识符号后面的一行。

5.2　看懂M语句的语法

M语言作为扩充Power Query数据清洗功能的一种方式，除了一些基本的语法和运算方式以外，还有一些重要的语句，例如分支语句以及错误捕获与处理语句。熟练掌握这些语句的语法，可以更灵活地对数据进行处理。

5.2.1　分支语句

分支语句也称为条件判断语句，是当程序执行到条件判断的时候可以选择性的执行某些程序。在Power Query中，分支语句结构主要有单条件的if语句、多条件的if语句和嵌套格式的if语句。

1.单条件的if语句

单条件的if语句是指对一个条件进行判断，当条件成立时，输出一个指定的结果；当条件不成立时，输出另一个指定的结果。

其执行过程如图5-5所示。

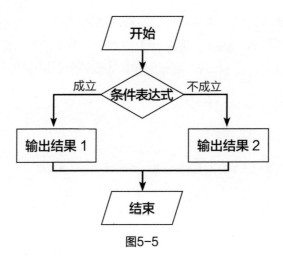

图5-5

单条件的if语句的语法格式如下。

```
let
    源=if [条件表达式] then [输出结果1] else [输出结果2]
in
    源
```

在以上语法格式中，当条件表达式返回true值，语句输出"then"关键字后面的"输出结果1"；当条件表达式返回false值，语句输出"else"关键字后面的"输出结果2"。

需要说明的是，在实战中，if语句既可以作为参数在其他M函数中使用，也可以像本例一样单独使用，为了帮助读者掌握语句的用法，本节都是单独使用，如上的语法格式。

【示例1】

```
let
    源 = if 2>1 then "成立" else "不成立"
in
    源
```

在以上的代码中，程序首先运行"2>1"表达式，判断其值为true，输出"then"关键字后的结果，即代码执行后最终的输出结果是"成立"，并结束程序。

【示例2】

```
let
    源 = if 2<1 then "成立" else "不成立"
in
    源
```

在以上的代码中，程序首先运行"2<1"表达式，判断其值为false，输出"else"关键字后的结果，即代码执行后最终的输出结果是"不成立"，并结束程序。

知识贴士 | 语句的大小写说明

在Power Query中，语句都是以小写字母书写的，如果将语句中的关键字写为首字母大写或者全部大写，都将出错，如图5-6所示的效果。

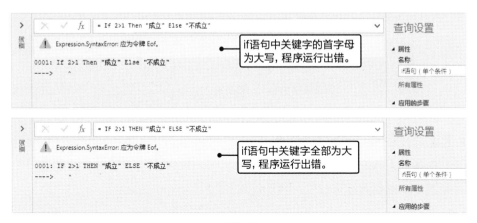

图5-6

2.多条件的if语句

多条件的if语句有两种情况，一种是多条件同时成立的条件判断；另一种是多条件有一个成立的条件判断。下面分别进行讲解。

● 多条件同时成立的条件判断

多条件同时成立的条件判断是指if语句中的条件是一个由and逻辑运算符连接的多个条件判断表达式。其语法结构如下。

```
let
    源=if [条件表达式1] and [条件表达式2] then [输出结果1] else [输出结果2]
in
    源
```

在以上的语法格式中，条件表达式只有两个，在实际应用中，条件表达式可以设置多个。当所有条件表达式同时判断成立后，整个条件表达式的最终判断结果为true，if语句输出"then"关键字后面的"输出结果1"。当所有条件表达式中有任何一个表达式返回false，整个条件表达式的最终判断结果为false，if语句输出"else"关键字后面的"输出结果2"。

【示例】

```
let
    源 = if 1>2 and 3<4 then "成立" else "不成立"
in
    源
```

在以上的代码中，程序首先运行"1>2 and 3<4"表达式，其中，"1>2"判断返回false，"3<4"判断返回true，最后这两个逻辑值用"and"运算符连接，最终判断结果为false，因此输出"else"关键字后的结果，即代码执行后最终的输出结果是"不成立"，并结束程序。

● 多条件有一个成立的条件判断

多条件有一个成立的条件判断是指if语句中的条件是一个由or逻辑运算符连接的多个条件判断表达式，其语法结构如下。

```
let
    源=if [条件表达式1] or [条件表达式2] then [输出结果1] else [输出结果2]
in
    源
```

在以上的语法格式中，条件表达式只有两个，在实际应用中，条件表达式可以设置多个。当所有条件表达式有一个判断成立后，整个条件表达式的最终判断结果为true，if语句输出"then"关键字后面的"输出结果1"。当所有条件表达式中所有条件表达式都返回false，整个条件表达式的最终判断结果为false，if语句输出"else"关键字后面的"输出结果2"。

【示例】

```
let
    源 = if 1>2 or 3<4  then "成立" else "不成立"
in
    源
```

在以上的代码中，程序首先运行"1>2 and 3<4"表达式，其中，"1>2"判断返回false，"3<4"判断返回true，最后这两个逻辑值用"or"运算符连接，最终判断结果为true，因此输出"then"关键字后的结果，即代码执行后最终的输出结果是"成立"，并结束程序。

3.嵌套格式的if语句

嵌套格式的if语句是指在条件判断成立或者不成立后不输出结果，而是继续进行条件判断。其执行过程如图5-7所示。

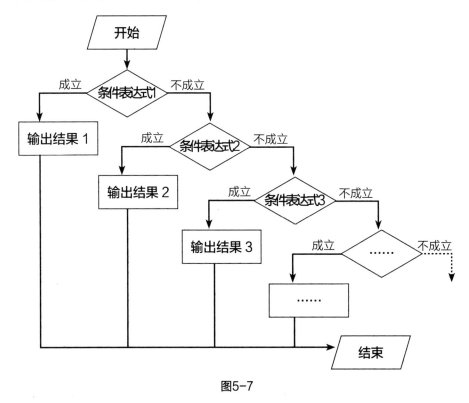

图5-7

嵌套if语句的语法格式如下。

```
let
    源=if [条件表达式1] then
        [输出结果1]
    else if [条件表达式2] then
        [输出结果2]
    else if [条件表达式3] then
        [输出结果3]
    else if [条件表达式n] then
        [输出结果n]
    else
        [输出结果x]
in
    源
```

在以上的语法结构中，同样可以将嵌套if语句写在一行，但是为了让代码结构更加清晰，这里手动将其进行分行显示，这种写法在Power Query中可以被程序识别。

【示例】

```
let
    考核总分=85,
    源=if 考核总分>=90 then
        "优秀"
    else if 考核总分>=80  then
        "良好"
    else if 考核总分>=70   then
        "一般"
    else if考核总分>=60   then
        "合格"
    else
        "不合格"
in
    源
```

在以上的代码中，程序首先将"85"常量值赋值给"考核总分"变量，接着运行"考核总分>=90"表达式，条件判断返回false，程序继续运行else if

语句后的"考核总分>=80"表达式，条件判断返回true，则程序运行该else if对应的"then"关键字后面的结果，即代码执行后最终的输出结果是"良好"，并结束程序。

4.调用条件列功能

在Power Query中，对于单条件if语句和嵌套结构的if语句，也可以通过程序提供的菜单命令来完成，其具体的调用位置是"添加列"选项卡"常规"组的"条件列"功能按钮，通过单击该按钮可以打开"添加条件列"对话框，如图5-8所示。

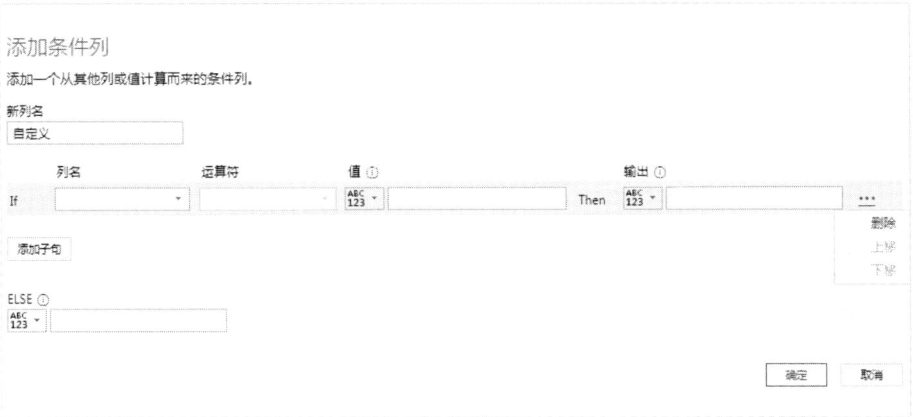

图5-8

在以上对话框各选项的含义包括：

"新列名"文本框用于设置添加的列的字段名称。

"列名"下拉列表框用于设置要进行条件判断的字段。

"运算符"下拉列表框用于设置需要对字段的值进行何种运算。

"值"文本框用于设置字段的内容需要进行判断的参照值。

"Then"关键字后面的"输出"用于设置当条件判断成立时当前if语句要输出的值。

"…"按钮用于对当前的条件设置语句进行管理，单击该按钮，在弹出的下拉列表中有"删除""上移"和"下移"三个选项，分别用于删除当前条件设置语句、上移设置语句和下移设置语句。

"添加子句"按钮用于添加if条件设置，实现if语句的嵌套结构。

"ELSE"关键字后面的文本框用于设置当条件判断不成立时if语句要输出的值。

下面通过根据供货产品不合格率来对供应商的重要程度进行评级为例，讲解调用条件列功能对数据进行分支判断处理的操作。

实例假设：

①当供货产品不合格率小于5%，供应商对应的等级评级为"重要的合作对象"。

②当供货产品不合格率小于10%，供应商对应的等级评级为"一般合作对象"。

③当供货产品不合格率大于等于10%，供应商对应的等级评级为"可终止合作的对象"。

实例解析

根据供货产品不合格率对供应商的重要程度评级

步骤01 在Power Query中打开供应商等级评定查询，单击"添加列"选项卡，在"常规"组中单击"条件列"按钮，如图5-9所示。

图5-9

步骤02 在打开的"添加条件列"对话框的"新列名"文本框中输入"供应商等级"文本完成添加列字段名称的设置。单击第一个if条件设置对应的"列名"下拉列表框，在弹出的下拉列表中选择"供货产品不合格率"选项完成条件判断字段的设置，如图5-10所示。

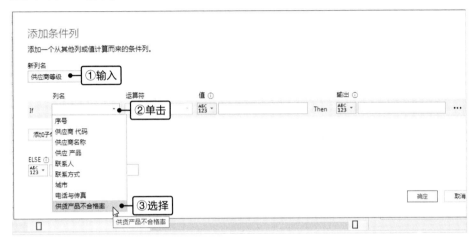

图5-10

步骤03 在第一个if条件设置对应的"运算符"下拉列表框中选择"小于"选项，在"值"文本框中输入"5%"，完成对供货产品不合格率小于5%的条件设置，在"Then"关键字后面的"输出"文本框中输入"重要的合作对象"文本，单击"添加子句"按钮，如图5-11所示。（如果此时直接在"ELSE"关键字后面的文本框中设置输出内容，或者不再设置任何参数，直接单击"确定"按钮，实现的就是单条件if语句的应用。）

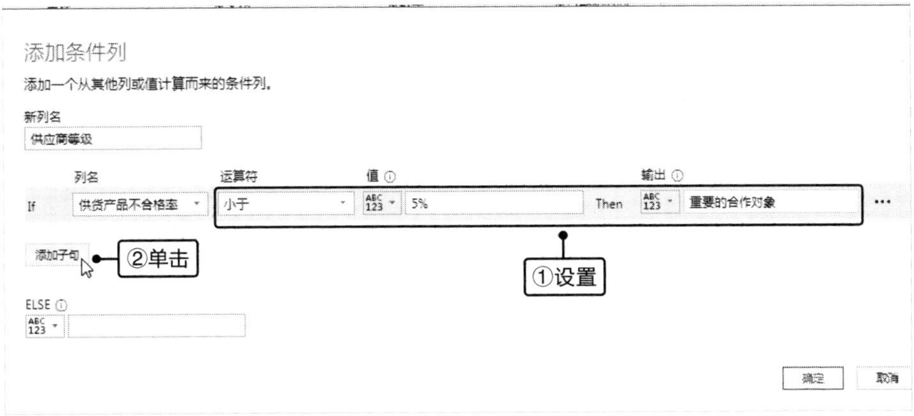

图5-11

步骤04 程序自动添加了一个Else If条件判断语句设置，在其中设置列名为"供货产品不合格率"，运算符为"小于"，值为"10%"，条件判断成立时的输出内容为"一般合作对象"，在"ELSE"关键字后面的文本框中输入"可终止的合作对象"文本，表示当前面两个条件判断都不符合时需要输出的内容，最后单击"确定"按钮确认设置并关闭对话框，如图5-12所示。

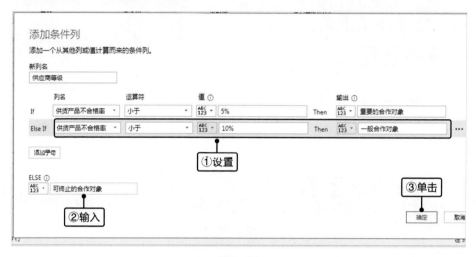

图5-12

步骤05 在返回的查询表中即可查看到程序自动在表格末尾添加了一列"供应商等级"字段列，并在其中根据每行的供货产品不合格率数据对应输出不同的等级评定内容，如图5-13所示。

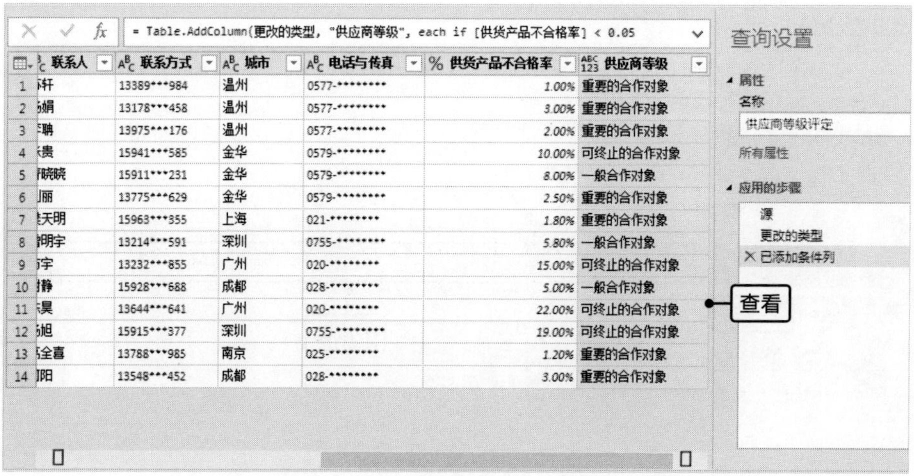

图5-13

5.2.2　错误捕获与处理语句

在Power Query中，编写M代码有非常严格的要求，比如数字之间不能使用连接符"&"，文本之间不能使用算术运算符。

如果违反这些规定编写M代码，程序不会提示编写错误，但是在运行程序时就会出现错误，如图5-14所示。

图5-14

Power Query提供了非常方便的容错处理机制，用户既可以人为捕获这些错误，也可以对错误进行处理。

1.错误捕获语句

默认情况下，当程序在运行时存在错误，程序会自动给出所有错误信息，整个运行结果以黄色底纹高亮显示。如果在代码很多的程序中，出现这种界面是让用户比较烦心的事。

在Power Query中，可以通过"try"语句对可能存在错误的地方进行监测，如果没有错误，程序正常运行；如果有错误，则捕获错误。

try语句的具体语法格式如下：

```
let
    源 =try [M执行语句]
in
    源
```

从以上的语法结构可以看到，要对某句代码进行监测，直接在其前面添加"try"关键字即可。

【示例】

```
let
    源 =try 028 & 12345678
in
    源
```

由于以上代码存在错误，因此在运行代码后程序会捕获到错误，并将错误以记录的形式显示，如图5-15所示。

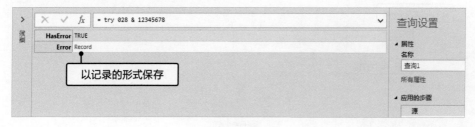

图5-15

从上图可以看到，在该记录中有以下两个字段名称：

① "HasError"用于存储是否有错误，当值为"TRUE"，则表示捕获到错误。

② "Error"用于存储具体的错误信息，其值为"Record"，表示具体的错误是以记录的形式保存的，单击该值即可展开具体的错误内容，如图5-16所示。

图5-16

从上图可以看到，展开的记录有以下三个字段：

① "Reason"字段用于存储错误的原因，这里显示"Expression.Error"，表示表达式有错。

② "Message"字段用于存储具体的错误描述，这里显示"无法将运算符 & 应用于类型 Number 和 Number。"，表示数字之间不能使用"&"符号。

③ "Detail"字段用于存储错误的明细，其值为"Record"，表示具体的错误明细是以记录的形式保存的，单击该值即可展开具体的错误明细内容，如图5-17所示。

图5-17

从上图可以看到，这里将整个表达式清晰地展示出来了，这里涉及两个数字操作数，分别在"Left"和"Right"字段中，一个文本连接运算符保存在"Operator"字段中。

从整个流程可以非常清晰地查看到错误的各种信息，对于初学者来说，这种方式比直接显示所有错误信息，更容易看懂。

知识贴士 | try语句使用注意

在Power Query中，使用try语句捕获错误时，"try"关键字和其后的M执行语句之间必须要有空格，不能连写，否则程序会运行错误，如图5-18所示。

图5-18

2.错误处理语句

对于捕获到的错误，其处理方式有两种，一种方式是手动将错误进行修改，另一种方式是通过错误处理语句"try...otherwise..."处理，其具体的语法格式如下。

```
let
    源 =try [M执行语句] otherwise [输出结果]
in
    源
```

从以上的语法结构可以看到，其实"try...otherwise..."语句也是一个条件判断语句，首先判断try语句监测的代码是否有错，如果有错，则输出"otherwise"关键字后面指定的输出结果；如果没有错，则正常执行监测的代码，并输出其结果。

【示例】

```
let
    源 =try 028 & "12345678" otherwise "12345678",
    电话="电话号码为： " & 源
in
    电话
```

在以上的代码中，程序首先给变量"源"赋值，但是使用try语句监测到"028 & "12345678" "表达式存在错误，因此程序输出"otherwise"关键字后面的结果，即此时"源"变量的值为文本型的数字字符串"12345678"。

接着程序执行为"电话"变量赋值的语句，直接使用文本连接符"&"将"电话号码为："字符串和"源"变量的值进行连接，即将"电话号码为："字符串和"12345678"字符串进行连接，即代码执行后最终的输出结果是"电话号码为：12345678"，并结束程序。

5.3　M函数基本认识

前面介绍的各种M语言的基本语法、语句都是基于简单理解的前提下通过单独使用进行讲解的。在实际的应用中，很少直接单独使用这些语句，通常都是将其作为M函数的参数来使用。本节，就将针对M函数进行具体介绍。

5.3.1　了解M函数的基本结构

M语言的核心主体就是M函数，通过M函数可以编制出功能强大的M公式，从而帮助用户灵活地完成数据的导入、整合以及加工处理等操作，因此M语言也被称为是一种函数式的编程。

要想使用好函数，首先要对函数的结构有清晰地认识，通常来说，M函数的基本结构包括三部分，分别是函数名、参数和函数返回值类型，如下所示为Table.Range()函数的基本结构。

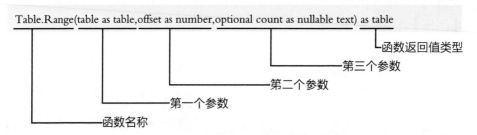

下面就以上面的Table.Range()函数的基本结构为例，对M函数的结构进行具体认识。

1.函数名称

函数名称是函数作用的简单说明，通常情况下，用户看到函数名就可以大概知道该函数的作用，它以"类型名.函数名"的结构存在。例如，在Table.Range()函数名称中，函数的类型是"Table"，说明函数与查询表有关，函数名是"Range"，该函数的具体作用是在指定查询表中返回指定偏移量的记录。

需要注意的是，在M函数中，严格区分函数名的大小写，通常每个单词的首字母都是大写。

2.函数参数

函数参数是函数正常运行所需要的相关数据，它是以"参数名称 as 参数类型"的结构存在。例如，在Table.Range()函数中，第一个参数的参数名称为"table"，对应的参数类型为"table"；第二个参数的参数名称为

"offset"，对应的参数类型为"number"。

不同的函数，其参数的个数是不同的。在函数参数中，有些参数是必不可少的；有些参数是可选的，即没有该参数函数也能正常执行。通常，在函数的语法结构中，可选参数前面都会有"optional"关键字。例如，在Table.Range()函数中，"optional"关键字用于标识第三个参数为可选参数，参数名称为"count"，对应的参数类型为"nullable text"。

在设置函数的参数时，参数的类型必须符合函数的要求，如果使用了错误的参数类型，函数执行将会出错。

3.函数返回值类型

函数返回值是指该函数最终的输出结果的数据类型是什么，它是以"as数据类型"的结构存在的。例如，在Table.Range()函数中，函数返回值类型是"as table"，表示该函数的返回值是一个table表。

5.3.2 查看所有内置函数

在Power Query中，程序内置的函数类型有很多，用户可以通过"=#shared"语句查询到所有的内置函数，其具体操作方法如下。

首先新建一个空白工作簿，在其中新建一个空查询，在编辑栏中输入"= #shared"语句，按【Enter】键即可查看到当前表中所有的内置M函数以记录的形式显示，如图5-19所示。

图5-19

5.3.3 查看指定函数的帮助

M函数的种类很多,每种类型下也有很多不同功能的函数,不同功能的函数其语法结构也各不一样。虽然函数多,但是我们不需要记忆,可以将内置函数做成一个查询表,方便查找。其操作如下。

将图5-19以记录形式显示的内置M函数转化为查询表,其转化后的效果如图5-20所示。

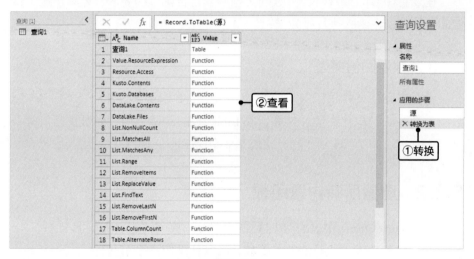

图5-20

单击"Name"字段名称右侧的下拉按钮,在打开的筛选面板中取消选中"(全选)"复选框,如图5-21所示。

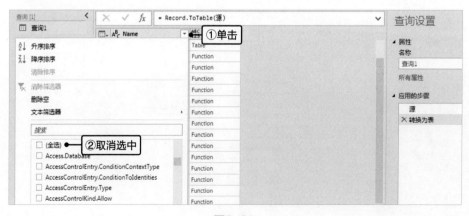

图5-21

在筛选文本框中输入函数类别＋"."，如输入"text."，程序自动显示所有的Text类函数，如图5-22左所示。此时用户可以逐个查看并选择需要查看帮助的函数对应的复选框，也可以继续输入函数名称的前几个或者全部内容，如图5-22右所示，只输入了函数名称的首字母"i"即可将选择范围缩小到两个，选中需要查看帮助的函数对应的复选框，单击"确定"按钮。

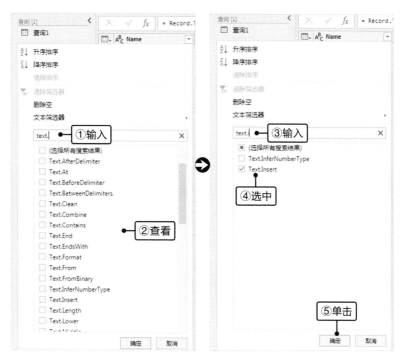

图5-22

程序自动在内置M函数查询表中筛选出指定的函数，单击"Value"字段列中的"Function"值，如图5-23所示。

图5-23

程序自动显示该M函数的详细内容，包括函数名称、函数作用、参数调用（主要方便用户自行演示函数的作用）、函数语法以及系统提供的案例讲解，如图5-24所示。

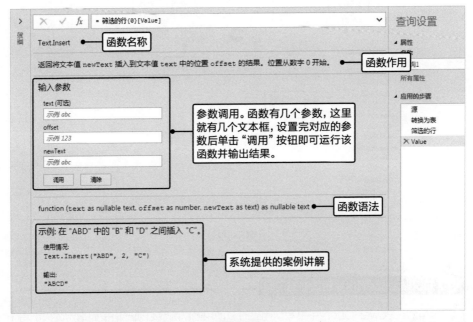

图5-24

除了可以在内置函数查询表中筛选查看函数的帮助，也可以通过在任意查询的编辑栏中输入"=函数类别.函数名"语句来查询函数的帮助信息。

例如，要查询Text.Format()函数的相关用法，直接在编辑栏中输入"=Text.Format"语句，按【Enter】键即可获取函数对应的帮助信息，如图5-25所示，但需要注意的是，这里输入的函数类别和函数名必须注意区分大小写，如果输入错误，则不能获取到函数的帮助信息。

图5-25

知识贴士 | M函数补充说明

　　在Power Query中，既可以使用程序内置的函数，也可以自定义M函数，对于一般的数据处理，内置的M函数已经足够使用，因此，在本节中，主要对内置函数的相关内容进行讲解。

第6章
高阶应用(一)：M函数实战之三大容器操作

学习目标

M函数是扩充Power Query数据清洗与整理的重要内容，在Excel Powery Query中，程序内置了几百个M函数，通过这些函数可以方便地对查询表、列表、记录以及查询表中的各种类型的数据进行处理。本章将从三大容器涉及的Table类、List类和Record类函数中挑选一些常见M函数，通过实例讲解的方式让读者了解这类函数对查询结构的操作。

知识要点

- 添加列：Table.AddColumn()
- 筛选行：Table.SelectRows()
- 筛选错误行：Table.SelectRowsWithErrors()
- 提取指定范围行：Table.Range()
- 转换列的值：Table.TransformColumns()
- 对数据列进行求和运算：List.Sum()
- 对数据列进行求平均值运算：List.Average()
- 提取列的最值：List.Max()和List.Min()
- 查找并替换列值：List.ReplaceValue()

6.1　Table类函数：操作查询表

操作查询表主要用Table类函数完成，前面介绍的查询表的转置、透视列、逆透视列、分组、合并查询、追加查询等知识，虽然是通过命令按钮完成的，但其实质都是通过调用Table类的函数完成的。如图6-1所示的按小组透视值班表，其实质就是用Table.Pivot()函数对数据进行透视列操作。

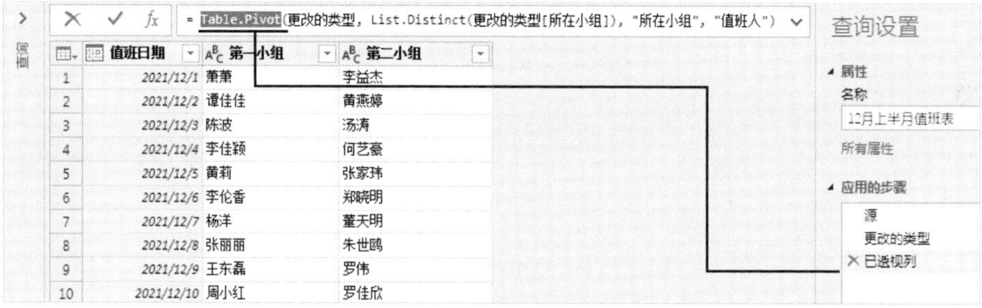

图6-1

除此之外，通过Table类函数还可以对查询表进行更多的操作，如在查询表中添加新列、统计表的行数、返回查询表指定行数的记录等，下面介绍几个常用的Table类函数。

6.1.1　添加列：Table.AddColumn()

【函数功能】

在查询表中新增一列数据。

【函数语法】

Table.AddColumn(table as table,newColumnName as text,columnGenerator as function, optional columnType as nullable typy) as table

【简化理解】

Table.AddColumn(查询表,新列名,新列生成器,新列类型)

【参数解释】

①**查询表**：用于指定需要添加列的查询表。

②**新列名**：用于指明添加的列的名称，其值为文本型，因此需要使用英文状态下的双引号将其引起来。

③**新列生成器**：用于指定新添加的列的值如何生成，该参数是一个function类型，它可以是函数返回值，也可以是表达式返回值，还可以是语句返回值。需要特别说明的是，在Power Query中，每一列都是一个整体，因此在添加新列时，列生成器前面都会添加"each"关键字，表示该关键字后面的任何数据或者规则都将应用到新列的每一行。

④**新列类型**：用于指定新添加列的值的数据类型，该参数是一个可选参数，当省略该参数时，程序自动以文本类型显示。如果要设置数据类型，直接使用"type+数据类型"结构指令，如要将新增列的数据类型设置为数值，直接将该参数设置为"type number"即可。

下面通过具体的实例了解Table.AddColumn()函数的实战应用。

实例解析

在面试成绩表中汇总面试人员的总成绩

步骤01 在Power Query中打开面试成绩汇总查询，单击"视图"选项卡，在"高级"组中单击"高级编辑器"按钮①打开"高级编辑器"窗口，如图6-2所示。

图6-2

步骤02 在"更改的类型"M语句末尾添加英文状态下的逗号分隔符，在其后输入如下所示的"总成绩统计"的代码，将原来的输出变量修改为新的输出变量，这里将输出变量修改为"总成绩统计"，单击"完成"按钮，如图6-3所示。

总成绩统计 = Table.AddColumn(更改的类型, "总成绩统计", each try [面试成绩]+[笔试成绩]+[上机操作成绩] otherwise "有缺考",type number)

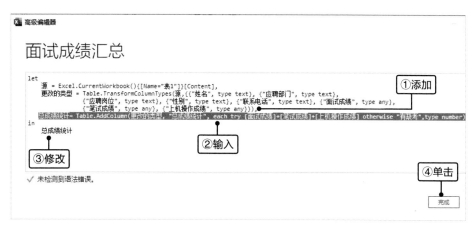

图6-3

步骤03 在返回的查询表中即可查看到，程序自动在查询表末尾添加了一列"总成绩统计"列，且根据每行记录中的面试成绩、笔试成绩和上机操作成绩汇总了当前面试人员的总成绩，并且对有缺考的情况进行统计，如图6-4所示。

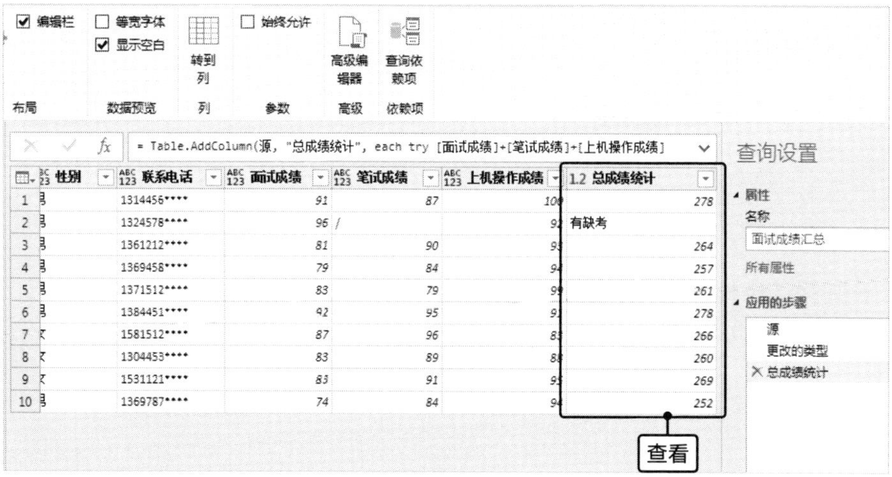

图6-4

【代码说明】

在本例中"总成绩统计 = Table.AddColumn(更改的类型, "总成绩统计

", each try [面试成绩]+[笔试成绩]+[上机操作成绩] otherwise "有缺考",type number)"代码中有以下两点需要特别说明。

①由于操作的表是"源"表上更改类型后的表，所以函数的第一个参数为"更改的类型"。

②因为本例中的成绩存在"/"，直接使用"[面试成绩]+[笔试成绩]+[上机操作成绩]"表达式来计算总成绩，程序运行会出错，此时使用"try...otherwise..."语句对错误进行处理，如果存在错误，则当前面试者的总成绩标识为"有缺考"，否则直接将面试成绩、笔试成绩和上机操作成绩加起来作为当前面试者的总成绩。

6.1.2　筛选行：Table.SelectRows()

【函数功能】

在查询表中筛选符合条件的行。

【函数语法】

Table.SelectRows(table as table, condition as function) as table

【简化理解】

Table.SelectRows(查询表,筛选条件)

【参数解释】

①查询表：用于指定需要筛选行的查询表。

②筛选条件：用于设置筛选条件，既可以设置单条件，也可以设置多条件，当设置多个条件时，可以使用and或者or运算符连接条件。

下面通过具体的实例了解Table.SelectRows()函数的实战应用。

实例解析

筛选各项考核成绩都在80分（含）以上的考核信息

⚙ 步骤01　在Power Query中打开员工考核情况查询，单击"视图"选项卡，在"高级"组中单击"高级编辑器"按钮，打开"高级编辑器"窗口，如图6-5所示。

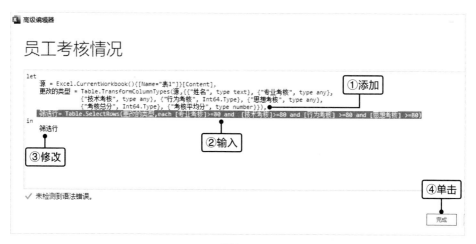

图6-5

步骤02 在"更改的类型"M语句末尾添加英文状态下的逗号分隔符，在其后输入如下所示的"筛选行"的代码，将原来的输出变量修改为"筛选行"，单击"完成"按钮，如图6-6所示。

筛选行= Table.SelectRows(更改的类型,each [专业考核]>=80 and [技术考核]>=80 and [行为考核] >=80 and [思想考核] >=80)

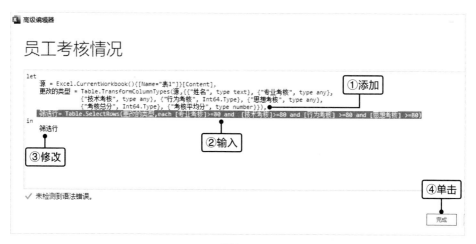

图6-6

步骤03 在返回的查询表中即可查看到，程序自动将专业考核、技术考核、行为考核以及思想考核分数在80分及以上的行筛选出来，如图6-7所示。

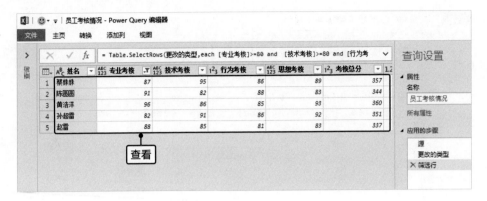

图6-7

【代码说明】

在本例的"筛选行= Table.SelectRows(更改的类型,each [专业考核]>=80 and [技术考核]>=80 and [行为考核] >=80 and [思想考核] >=80)"代码中，筛选条件为多条件同时满足，各条件之间用and运算符连接，只有同时满足这几个筛选条件的行才会被筛选出来。

6.1.3 筛选错误行：Table.SelectRowsWithErrors()

【函数功能】

在查询表中筛选出包含错误值的行。

【函数语法】

Table.SelectRowsWithErrors(table as table, optional columns as nullable list) as table

【简化理解】

Table.SelectRowsWithErrors(查询表,查找列)

【参数解释】

①查询表：用于指定需要筛选有错误行的查询表。

②查找列：可选参数，用于设置指定要查找包含错误值的列，如果省略该参数，表示将查询表中所有列中包含错误值的行都筛选出来。

下面通过具体的实例了解Table.SelectRowsWithErrors()函数的实战应用。

实例解析

筛选会员信息中存在错误值的行

步骤01　在Power Query中打开会员信息整理查询，单击"视图"选项卡，在"高级"组中单击"高级编辑器"按钮①打开"高级编辑器"窗口，如图6-8所示。

图6-8

步骤02　在"更改的类型"M语句末尾添加英文状态下的逗号分隔符，在其后输入如下所示的"筛选有错误的行"的代码，将原来的输出变量修改为"筛选有错误的行"，单击"完成"按钮，如图6-9所示。

筛选有错误的行=Table.SelectRowsWithErrors(更改的类型)

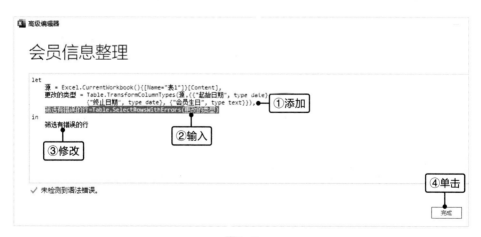

图6-9

步骤03 在返回的查询表中即可查看到，程序自动对查询表中的所有列进行查找，并筛选出存在错误值Error的行，如图6-10所示。

图6-10

【代码说明】

在本例的"筛选有错误的行=Table.SelectRowsWithErrors(更改的类型)"代码中，是检测整个查询表的所有字段中是否存在错误值。

如果只需要对其中的某些指定列进行查找，则添加对应的字段名称即可。例如，需要检测"会员生日"列是否有错误值，并筛选存在错误值的行，可以使用以下代码：

```
筛选有错误的行=Table.SelectRowsWithErrors(更改的类型,{"会员生日"})
```

如果需要对多列数据进行检测，直接在第二个参数中添加列字段的名称，并以逗号分隔符分隔即可，例如需要检测"性别"列和"会员生日"列是否有错误值，并筛选存在错误值的行，可以使用以下代码：

```
筛选有错误的行=Table.SelectRowsWithErrors(更改的类型,{"性别","会员生日"})
```

6.1.4 提取指定范围行：Table.Range()

【函数功能】

在查询表中从指定位置提取指定范围内的行。

【函数语法】

Table.Range(table as table, offset as number, optional count as nullable number) as table

【简化理解】

Table.Range(查询表,偏移量,行数)

【参数解释】

①**查询表**：用于指定需要提取指定范围行的查询表。

②**偏移量**：用于指定从第几行开始提取，这里的第几行是索引编号，在Power Query中，查询表的第一条记录的索引编号为0。

③**行数**：可选参数，用于指定需要提取的行数，如果省略该参数，表示从偏移量位置开始，提取后面的所有行。

下面通过具体的实例了解Table.Range()函数的实战应用。

实例解析

在业绩统计查询中提取销售2部的业绩数据

步骤01 在Power Query中打开业绩统计查询，单击"视图"选项卡，在"高级"组中单击"高级编辑器"按钮①打开"高级编辑器"窗口，如图6-11所示。

图6-11

步骤02 在"更改的类型"M语句末尾添加英文状态下的逗号分隔符，在其后输入如下所示的"提取的行"的代码，将原来的输出变量修改为"提取的行"，单击"完成"按钮，如图6-12所示。

提取的行=Table.Range(更改的类型,14)

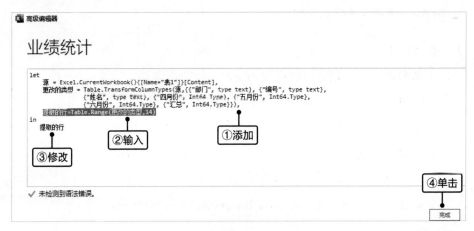

图6-12

步骤03 在返回的查询表中即可查看到，程序自动将查询表中所有销售2部的行提取出来了，如图6-13所示。

	部门	编号	姓名	四月份	五月份	六月份	汇总
1	销售2部	XS-2-001	杨娟	146460	255669	279033	681162
2	销售2部	XS-2-002	张丽丽	128165	283579	202936	614680
3	销售2部	XS-2-003	黄文莉	271533	224584	153753	649870
4	销售2部	XS-2-004	李伦香	151070	169705	187947	508722
5	销售2部	XS-2-005	周小红	242475	199921	131192	573588
6	销售2部	XS-2-006	程志洁	138660	194761	124394	457815
7	销售2部	XS-2-007	刘益杰	243872	285102	254073	783047
8	销售2部	XS-2-008	谭佳佳	145733	236807	151838	534378
9	销售2部	XS-2-009	杨桃	182351	261341	268141	711833
10	销售2部	XS-2-010	杨洋	243493	216062	228001	687556
11	销售2部	XS-2-011	黄燕	280795	155340	185541	621676
12	销售2部	XS-2-012	高欢	216417	147871	274356	638644
13	销售2部	XS-2-013	王海东	269417	178220	154458	602095
14	销售2部	XS-2-014	彭冲	137797	248789	180862	567448

图6-13

【代码说明】

在本例的"提取的行=Table.Range(更改的类型,14)"代码中，14代表的是从索引号为14的记录开始，Table.Range()函数的第三个参数省略了，表示将其后面所有的行全部提取出来。

在本例中，销售2部的第一条记录位于编辑器的15行，因此该记录对应的索引编号为14，所以本例中Table.Range()函数的第二个参数为14。

6.1.5　转换列的值：Table.TransformColumns()

【函数功能】

在查询表中对指定列的数据进行转换，转换结果直接覆盖原值。

【函数语法】

Table.TransformColumns(table as table, transformOperations as list, optional defaultTransformation as nullable function, optional missingField as nullable number) as table

【简化理解】

Table.TransformColumns(查询表,转换操作,默认转换,缺失字段)

【参数解释】

①**查询表**：用于指定需要转换列值的查询表。

②**转换操作**：用于指定需要对列进行的转换操作。如果只对查询表中的一列数据进行转化，该参数的写法为"{"字段名称",具体的转换操作}"；如果对查询表中的多列数据进行转换，该参数的写法为"{{"字段名称1",具体的转换操作1},{"字段名称2",具体的转换操作2},……}"

③**默认转换**：该参数为一个可选参数，用于指定第二个参数指定转换的列以外的其他列的转化操作。如果省略该参数，表示不对剩余列进行任何转换操作。

④**缺失字段**：该参数为一个可选参数，用于指定第二个参数指定转换的列是否存在。该参数的值可以省略，也可以为数值0、1和2，不同的参数值，其作用不同，具体如表6-1所示。

表6-1　参数值的具体作用

参数值	说明
省略或 0	当第二个参数指定的列不存在时，程序直接显示错误信息
1	当第二个参数指定的列不存在时，程序会忽略该错误，不提示任何错误信息
2	当第二个参数指定的列不存在时，程序自动以第二个参数指定的列为字段名称添加一列，但是新添加的列的值显示为 null

下面通过具体的实例了解Table.TransformColumns()函数的实战应用。

实例解析

在员工工资核算查询中将所有员工的基本工资提升300元

步骤01 在Power Query中打开员工工资核算查询，单击"视图"选项卡，在"高级"组中单击"高级编辑器"按钮，打开"高级编辑器"窗口，如图6-14所示。

图6-14

步骤02 在"更改的类型"M语句末尾添加英文状态下的逗号分隔符，在其后输入如下所示的"修改基本工资"的代码，将原来的输出变量修改为"修改基本工资"，单击"完成"按钮，如图6-15所示。

```
修改基本工资=Table.TransformColumns(更改的类型, {{"基本工资", each _ + 300,
          type number}})
```

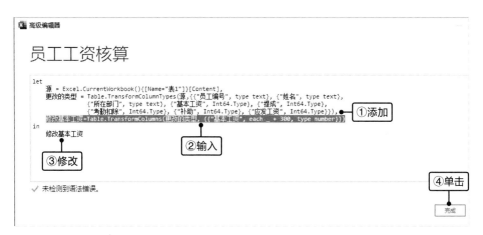

图6-15

步骤03 在返回的查询表中即可查看到，程序自动将查询表中所有员工的基本工资在原来的基础上增加了300，如图6-16所示。

	员工编号	姓名	所在部门	基本工资	提成	考勤扣除	补助
1	HY0001	杨娟	销售部	2556	3756	20	150
2	HY0002	李聃	销售部	3043	1743	70	150
3	HY0003	薛敏	销售部	1838	2738	0	150
4	HY0004	祝苗	销售部	1718	3718	60	150
5	HY0005	何阳	销售部	1605		10	150
6	HY0006	张同泰	销售部	2480		20	150
7	HY0007	李逍遥	销售部	3950	3661	30	150
8	HY0008	张家	销售部	1559	4659	0	150
9	HY0009	杨嵌入	销售部	1557	3657	0	150
10	HY0010	董天保	销售部	1553	2653	0	150
11	HY0011	杨晓兰	销售部	1552	4652	0	150
12	HY0012	张炜	销售部	1492	2592	10	150
13	HY0013	杨飞燕	销售部	3392	3592	60	150
14	HY0014	卢鑫怡	销售部	1383	2483	0	150

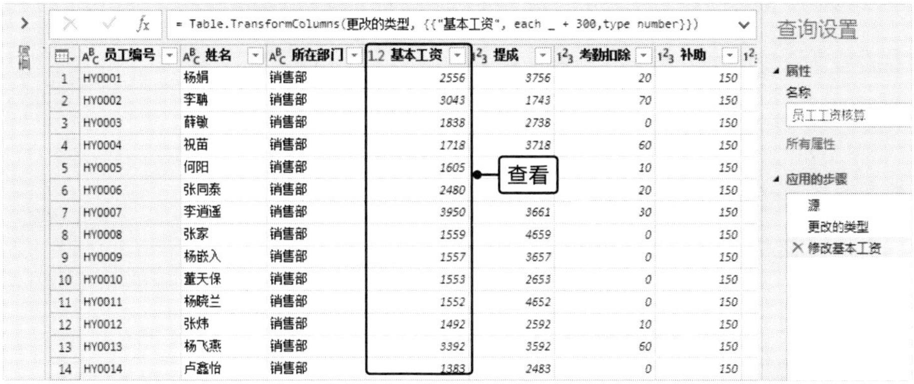

图6-16

【代码说明】

在本例的“修改基本工资=Table.TransformColumns(更改的类型, {{"基本工资", each _ + 300,type number}})”代码中，“{{"基本工资", each _ + 300,type number}}”部分的作用就是将基本工资数据列的每个数据，在原来的基础上加300，并将计算结果以数值显示。

本例使用的Table.TransformColumns()函数是在原来字段列上对数据进行转换，如果要保留原字段的数据，将修改后的结果单独新增列显示，则需要使用如下所示的M代码替换本例的转换代码。

修改后的基本工资=Table.AddColumn(更改的类型, "修改后的基本工资",
each [基本工资] + 300, type number)

6.2 List类函数：操作列表

在Power Query中，List容器是查询表中列数据的存储位置，因此，要对查询表中的列进行操作，就需要使用List类函数。

6.2.1 对数据列进行求和运算：List.Sum()

【函数功能】

返回列表中不包含null的和，类似于Excel中的SUM()函数。

【函数语法】

List.Sum(list as list, optional precision as nullable number) as any

【简化理解】

List.Sum(列表,精度)

【参数解释】

①**列表**：用于指定需要进行求和的列表，列表值只能是数字。要指定查询表中的多列，多列的字段名需要加英文中括号"[]"，且全部放在大括号"{}"内，各字段名要用英文逗号进行分隔。

②**精度**：该参数是一个可选参数，用于设置精度，通常用不到该参数。

下面通过具体的实例了解List.Sum()函数的实战应用。

实例解析

在销量统计查询中汇总各员工第一季度的总销量

步骤01 在Power Query中打开销量统计查询，单击"视图"选项卡，在"高级"组中单击"高级编辑器"按钮①打开"高级编辑器"窗口，如图6-17所示。

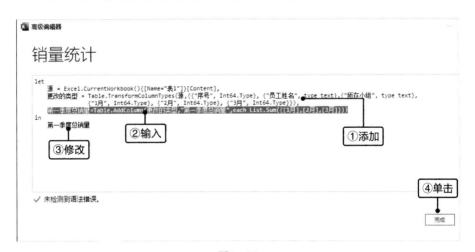

图6-17

步骤02 在"更改的类型"M语句末尾添加英文状态下的逗号分隔符，在其后输入各员工"1月""2月"和"3月"字段列的数据进行求和的"第一季度总销量"代码，将原来的输出变量修改为"第一季度总销量"，单击"完成"按钮，如图6-18所示。

第一季度总销量=Table.AddColumn(更改的类型,"第一季度总销量",each List.Sum({[1月],
　　　　　　　[2月],[3月]}))

图6-18

步骤03 在返回的查询表中即可查看到，程序自动在查询表中添加了"第一季度总销量"字段列，该列的值来源于各员工"1月""2月"和"3月"的字段列数据的总和，如图6-19所示。

图6-19

【代码说明】

在本例的"第一季度总销量=Table.AddColumn(更改的类型,"第一季度总销量",each List.Sum({[1月],[2月],[3月]}))"代码中，"List.Sum({[1月],[2月],[3月]})"部分用于对"1月""2月"和"3月"字段列的数据进行求和，最后通过Table.AddColumn()函数将得到的第一季度总销量结果值列表，以列的方式添加到查询表中。

6.2.2 对数据列进行求平均值运算：List.Average()

【函数功能】

返回列表中不包含null的平均值，类似于Excel中的AVERAGE()函数。

【函数语法】

List.Average(list as list, optional precision as nullable number) as any

【简化理解】

List.Average(列表,精度)

【参数解释】

①列表：用于指定需要进行求平均值的列表，列表值可以是数字、日期、时间、持续时间的数据。如果列表为空，则返回null值。

②精度：该参数是一个可选参数，用于设置精度，通常用不到该参数。

下面通过具体的实例了解List.Average()函数的实战应用。

实例解析

在上半年费用统计查询中计算各项目的平均费用

步骤01　在Power Query中打开上半年费用统计查询，单击"视图"选项卡，在"高级"组中单击"高级编辑器"按钮①打开"高级编辑器"窗口，如图6-20所示。

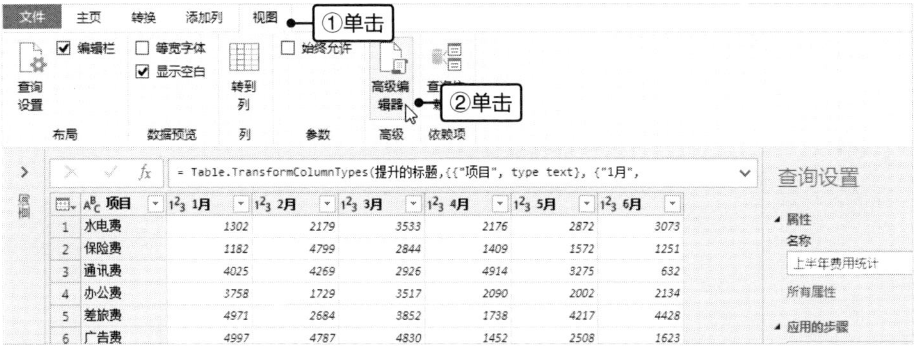

图6-20

步骤02　在"更改的类型1"M语句末尾添加英文状态下的逗号分隔符，在其后输入对各项费用"1月""2月""3月""4月""5月"和"6月"字段列的数据求平均值的"平均费用"代码，将原来的输出变量修改为"平均费用"，单击"完成"按钮，如图6-21所示。

平均费用=Table.AddColumn(更改的类型1,"平均费用", each List.Average({[1月],[2月],
　　　　[3月],[4月],[5月],[6月]}))

图6-21

步骤03 在返回的查询表中即可查看到，程序自动在查询表中添加了"平均费用"字段列，该列的值来源于各项费用"1月""2月""3月""4月""5月"和"6月"的字段列数据的平均值，如图6-22所示。

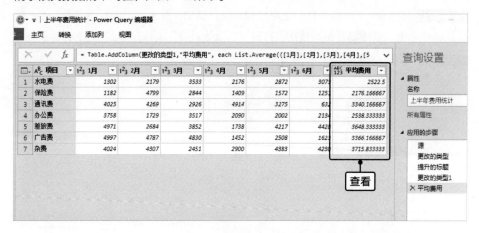

图6-22

【代码说明】

在本例的"平均费用=Table.AddColumn(更改的类型1,"平均费用", each List.Average({[1月],[2月],[3月],[4月],[5月],[6月]}))"代码中，"List.Average({[1月],[2月],[3月],[4月],[5月],[6月]})"部分用于对"1月""2月""3月""4月""5月"和"6月"的字段列数据求平均值，最后通过Table.AddColumn()函数将得到的上半年各费用项目的平均费用结果值列表，以列的方式添加到查询表中。

6.2.3 提取列的最值：List.Max()和List.Min()

【函数功能】

List.Max()函数用于返回列表中的最大值，类似于Excel中的MAX()函数。

List.Min()函数用于返回列表中的最小值，类似于Excel中的MIN()函数。

【函数语法】

List.Max(list as list, optional default as any, optional comparisonCriteria as any, optional includeNulls as nullable logical) as any

List.Min(list as list, optional default as any, optional comparisonCriteria as any, optional includeNulls as nullable logical) as any

【简化理解】

List.Max(列表,默认值,比较标准,列表为null)

List.Min(列表,默认值,比较标准,列表为null)

【参数解释】

①**列表**：用于指定需要求取最大值或最小值的列表，列表的值可以是数字，也可以是文本。如果列表为空，则返回指定的默认值。

 知识贴士｜"列表"参数同时存在数字与文本的说明

在List.Max()和List.Min()第一个"列表"参数指定的列表中，如果同时存在数字与文本，则此时List.Max()函数返回的最大值始终从文本值中产生，List.Min()函数返回的最小值始终从数字中产生。

②**默认值**：该参数是一个可选参数，用于指定当列表为空时，函数的返回值。例如，执行"=List.Max({},1)"M语句后返回的最终结果是1；又如，执行"=List.Min({},−1)"M语句后返回的最终结果是−1。当列表为空时，该参数又被省略了，则函数返回null值。

③**比较标准**：该参数是一个可选参数，用于指定列表中的数据以什么方式进行比较。该参数的参数值有表6−2所示的情况。

表6−2 比较标准参数值的具体作用

比较标准参数值	说明
省略或0	①在 List.Max() 函数中对数据进行比较，返回最大值，如 = List.Max({1, 4, 7, 3, −2, 5}) 和 = List.Max({1, 4, 7, 3, −2, 5},1,0)，其返回值为列表的最大值 7 ②在 List.Min() 函数中对数据进行比较，返回最小值，如 = List.Min({1, 4, 7, 3, −2, 5}) 和 = List.Min({1, 4, 7, 3, −2, 5},1,0)，其返回值为列表的最小值 −2

比较标准参数值	说明
非 0 数字	①在 List.Max() 函数中对数据进行比较，返回最小值，如 = List. Max({1, 4, 7, 3, −2, 5},1,2)，其返回值为列表的最小值 −2 ②在 List.Min() 函数中对数据进行比较，返回最大值，如 = List. Min({1, 4, 7, 3, −2, 5},1,2)，其返回值为列表的最大值 7

④列表为null。该参数是一个可选参数，用于指定当列表为null值时，是否显示指定的第二个参数，该参数的值为逻辑值true和false。当参数值为true，表示不显示第二个参数指定的值；当参数值为false，表示显示第二个参数指定的值。需要注意的是，这里要区别列表为null和空，二者是不一样的。

下面以List.Max()函数进行具体区别。

【示例】

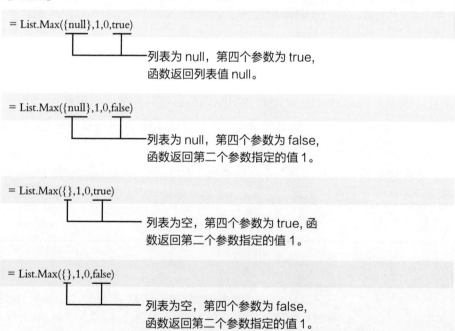

= List.Max({null},1,0,true)

列表为 null，第四个参数为 true，函数返回列表值 null。

= List.Max({null},1,0,false)

列表为 null，第四个参数为 false，函数返回第二个参数指定的值 1。

= List.Max({},1,0,true)

列表为空，第四个参数为 true，函数返回第二个参数指定的值 1。

= List.Max({},1,0,false)

列表为空，第四个参数为 false，函数返回第二个参数指定的值 1。

此外，对于列表中包含null值，此时还是按照函数的正常作用在列表中取最值，以List.Max()函数为基础进行举例。

【示例】

= List.Max({null,4,8,9},1,0,true)

列表包含 null，第四个参数为 true，
函数返回列表的最大值 9。

= List.Max({null,4,8,9},1,0,false)

列表包含 null，第四个参数为 false，
函数返回列表的最大值 9。

下面通过具体的实例了解List.Max()和List.Min()函数的实战应用。

实例解析

计算各分公司上半年利润盈亏的最大值和最小值

步骤01 在Power Query中打开公司上半年利润盈亏统计查询，单击"视图"选项卡，在"高级"组中单击"高级编辑器"按钮，打开"高级编辑器"窗口，如图6-23所示。

图6-23

步骤02 在"更改的类型"M语句末尾添加英文状态下的逗号分隔符，在其后输入各分公司"1月""2月""3月""4月""5月"和"6月"字段列的数据求最大值和最小值的代码，将原来的输出变量修改为"最小值"，单击"完成"按钮，如图6-24所示。

最大值=Table.AddColumn(更改的类型,"最大值",each List.Max({[1月],[2月],[3月],
　　　[4月],[5月],[6月]})),
最小值=Table.AddColumn(最大值,"最小值",each List.Min({[1月],[2月],[3月],
　　　[4月],[5月],[6月]}))

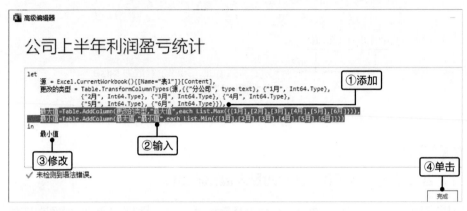

图6-24

📷 **步骤03**　在返回的查询表中即可查看到，程序自动在查询表中添加了"最大值"和"最小值"字段列，这两列的值分别来源于从各分公司"1月""2月""3月""4月""5月"和"6月"的字段列数据中获取的最大值和最小值，如图6-25所示。

图6-25

【代码说明】

在本例的获取最大值的"最大值=Table.AddColumn(更改的类型,"最大值",each List.Max({[1月],[2月],[3月],[4月],[5月],[6月]})),"代码中，"List.Max({[1月],[2月],[3月],[4月],[5月],[6月]})"部分用于从"1月""2月""3

月""4月""5月"和"6月"的字段列数据中获取最大值，最后通过Table.AddColumn()函数将得到的最大值以列的方式添加到查询表中。

在本例的获取最小值的"最小值=Table.AddColumn(最大值,"最小值",each List.Min({[1月],[2月],[3月],[4月],[5月],[6月]}))"代码中，"List.Min({[1月],[2月],[3月],[4月],[5月],[6月]})"部分用于从"1月""2月""3月""4月""5月"和"6月"的字段列数据中获取最小值，最后通过Table.AddColumn()函数将得到的最小值，以列的方式添加到查询表中。

需要注意的是，由于添加了两列数据，要想两列数据同时显示在查询表中，在获取最小值时，Table.AddColumn()函数的第一个参数必须设置为"最大值"，即是添加最大值后的查询表，从该查询结果的状态下从"1月""2月""3月""4月""5月"和"6月"的字段列数据中获取最小值。

如果在获取最小值时，将Table.AddColumn()函数的第一个参数设置为"更改的类型"，此时也可以获得各分公司利润盈亏的最小值，但是这种情况下，只能显示最大值或者最小值，二者不能同时显示。因为获取最小值时，同样是在对查询表中的字段进行类型更改后的状态下，从"1月""2月""3月""4月""5月"和"6月"的字段列数据中获取最小值，这种状态下是没有添加最大值数据的。

如图6-26所示，在其中将计算最小值的M语句中的Table.AddColumn()函数的第一个参数设置为"更改的类型"，单击"完成"按钮。

图6-26

执行上图中展示的M代码后，在返回的查询表中虽然在"查询设置"任务窗格的"应用的步骤"列表框中显示了最大值和最小值步骤，但是对应的查询表中只显示了最小值列，如图6-27所示。

图6-27

如果此时要查看最大值，需要在"应用的步骤"列表框中选择"最大值"步骤进行切换查看，如图6-28所示。

图6-28

6.2.4　查找并替换列值：List.ReplaceValue()

【函数功能】

在值列表中查找并替换指定值。

【函数语法】

List.ReplaceValue(list as list, oldValue as any, newValue as any, replacer as function) as list

【简化理解】

List.ReplaceValue(列表,查找值,替换值,替换规则)

【参数解释】

①**列表**：用于指定需要修改值的列表。

②**查找值**：用于指定要查找的值。

③**替换值**：用于指定要替换的值。

④**替换规则**：用于指定替换规则，该参数是一个函数参数，其值可以为Replacer.ReplaceText或者Replacer.ReplaceValue，前者表示替换文本字符，后者表示替换值。如果查找值和替换值为文本数据，则该参数设置为Replacer.ReplaceText；如果查找值和替换值为数值，则该参数设置为Replacer.ReplaceValue。

下面通过具体的实例了解List.ReplaceValue()函数的实战应用。

实例解析

在员工管理查询中将"销售1部"文本替换为"销售2部"

步骤01 在Power Query中打开员工管理查询，单击"视图"选项卡，在"高级"组中单击"高级编辑器"按钮，打开"高级编辑器"窗口，如图6-29所示。

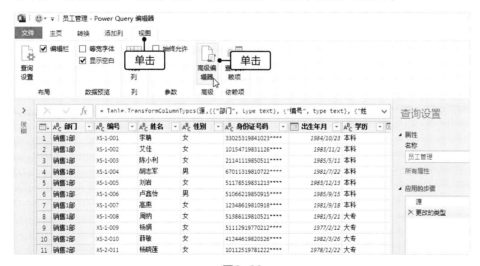

图6-29

步骤02 在"更改的类型"M语句末尾添加英文状态下的逗号分隔符，在其后输入在"部门"字段列中查找"销售1部"文本并将其替换为"销售2部"文本的代码，将原来的输出变量修改为"修改结果"，单击"完成"按钮，如图6-30所示。

修改后的部门=Table.AddColumn(更改的类型,"修改后的部门",each List.ReplaceValue
({[部门]},"销售1部","销售2部",Replacer.ReplaceText)),
　修改结果= Table.ExpandListColumn(修改后的部门, "修改后的部门")

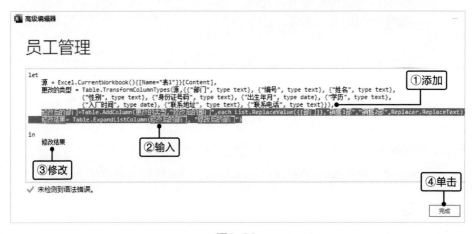

图6-30

步骤03 在返回的查询表中即可查看到，程序自动在"部门"字段列中查找"销售1部"文本，并将其替换为"销售2部"，最终的替换结果在查询表末尾新增的"修改后的部门"字段列中显示，如图6-31所示。

	出生年月	学历	入厂时间	联系地址	联系电话	修改后的部门
1	1984/10/23	本科	2002/9/1	南山阳光城	13138644***	销售2部
2	1983/11/2	本科	2002/9/1	红艳路183号	13145356***	销售2部
3	1985/5/11	本科	2002/9/1	大安路74号	13145357***	销售2部
4	1981/7/22	本科	2011/5/6	美丽州小区	13145359***	销售2部
5	1983/12/13	本科	2002/9/1	广西柳州成源路	13245377***	销售2部
6	1985/9/15	本科	1996/7/1	宜宾市万江路	13578386***	销售2部
7	1981/9/18	本科	2002/9/1	天辰花园4栋3单元	13145358***	销售2部
8	1981/5/21	大专	1995/10/1	成都市高新区龙新大厦	13599641***	销售2部
9	1977/2/12	大专	1999/5/1	解放路金城大厦	13628584***	销售2部
10	1982/3/26	大专	1999/5/1	南山阳光城12F	13868688***	销售2部
11	1978/12/22	大专	2001/5/16	绵阳市科技路	13694585***	销售2部
12	1982/9/15	大专	1995/12/1	高新西区创业大道	13037985***	销售2部
13	1981/3/17	大专	1997/7/16	德阳市泰山南路	13871231***	销售2部
14	1985/6/23	大专	1994/7/16	成都市武侯大道	13145355***	销售2部
15	1979/1/25	硕士	1999/5/1	建设路体育商城	13778854***	销售2部
16	1983/3/7	硕士	1996/7/1	长春市万达城	18938457***	销售2部
17	1982/11/20	硕士	1997/3/1	深港嘉达贸易大厦	15948573***	销售2部
18	1984/4/22	硕士	1997/3/1	高新区创业路	13998568***	销售2部

图6-31

【代码说明】

在本例的"修改后的部门=Table.AddColumn(更改的类型,"修改后的部门",each List.ReplaceValue({[部门]},"销售1部","销售2部",Replacer.ReplaceText)),"代码中，"List.ReplaceValue({[部门]},"销售1部","销售2部",Replacer.ReplaceText))"部分用于对"部门"字段列的数据进行查找替换操作，由于是对文本内容进行查找替换，因此List.ReplaceValue()函数的第四个参数的值设置为"Replacer.ReplaceText"。最后通过Table.AddColumn()函数将得到的修改结果列表，以列的方式添加到查询表中。

但是由于List.ReplaceValue()函数本身的返回结果就是一个List类型的数据，如图6-32所示。

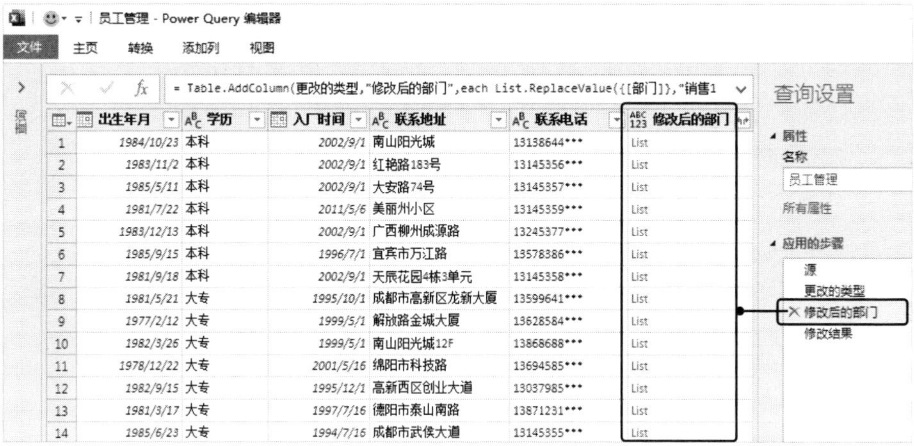

图6-32

所以在本例的查找替换M语句后面又添加了"修改结果= Table.ExpandListColumn(修改后的部门, "修改后的部门")"代码，在该代码中，使用Table.ExpandListColumn()函数来扩展查询表中的列表。该函数的相关语法及参数解释如下。

【函数功能】

将查询表中字段列的数据为List类型的列中的数据扩展出来。

【函数语法】

Table.ExpandListColumn(table as table, column as text) as table

【简化理解】

> Table.ExpandListColumn(查询表,扩展列的列名)

【参数解释】

①**查询表**：用于指定需要被扩展的查询表。

②**扩展列的列名**：用于指定查询表中要被扩展的列的字段名，需要使用英文状态下的双引号将字段名引起来。需要说明的是，扩展列的数据类型必须为List类型，否则不能扩展。

知识贴士｜如何使用M函数在原字段列上进行替换

在Power Query中，如果要在原字段列上直接修改，则可以使用Table.ReplaceValue()函数来完成，该函数的相关语法及参数解释如下所示。

【函数功能】

将查询表中字段列的数据为List类型的列中的数据扩展出来。

【函数语法】

> Table.ReplaceValue(table as table, oldValue as any, newValue as any, replacer as function, columnsToSearch as list) as table

【简化理解】

> Table.ReplaceValue(查询表, 查找值,替换值,替换规则,查找字段)

【参数解释】

该参数的第1个参数用于指定查询表，第2~4个参数的作用与List.ReplaceValue()函数对应参数的作用相同，第5个参数用于指定在查询表中需要处理的字段列表，其书写格式为{"字段名称"}。

例如，在本例中，要在源字段列上修改部门信息，可以使用以下代码替换步骤02中输入的两句代码。

> 修改部门 = Table.ReplaceValue(更改的类型,"销售1部","销售2部",
>   Replacer.ReplaceText,{"部门"})

其最终效果如图6-33所示。

图6-33

6.3 Record类函数：操作记录

在Power Query中，要对查询表中的记录进行操作，如提取记录中的值、提取记录的字段名称、统计记录的字段数等，此时就需要使用Record类函数。实战中，大多数时候，Record类函数都是嵌入到其他函数中作为参数使用。下面通过两个常用的Record类函数来讲解这些函数的用法。

6.3.1 将记录转化为列表：Record.ToList()

【函数功能】

返回记录的值列表，即将一条记录的值转化为列表形式。

【函数语法】

Record.ToList(record as record) as list

【简化理解】

Record.ToList(记录)

【参数解释】

　　记录。用于指定需要提取值的记录。在Power Query中，如果要提取整条记录的所有值列表，直接将参数值设置为下划线"_"即可。

　　下面通过具体的实例了解Record.ToList()函数的实战应用。

实例解析

汇总各产品年度总销量

步骤01　在Power Query中打开年度业绩汇总查询，可以查看到当前查询表中有13列数据，单击"视图"选项卡，在"高级"组中单击"高级编辑器"按钮，打开"高级编辑器"窗口，如图6-34所示。

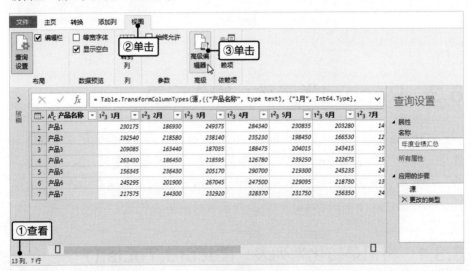

图6-34

步骤02　在"更改的类型"M语句末尾添加英文状态下的逗号分隔符，在其后输入删除产品名称列和对各产品"1月"~"12月"字段列的数据进行求和的代码，将原来的输出变量修改为"总销量"，单击"完成"按钮，如图6-35所示。

删除产品名称 = Table.RemoveColumns(更改的类型,{"产品名称"}),
总销量= Table.AddColumn(删除产品名称,"总销量",each List.Sum(Record.ToList(_)))

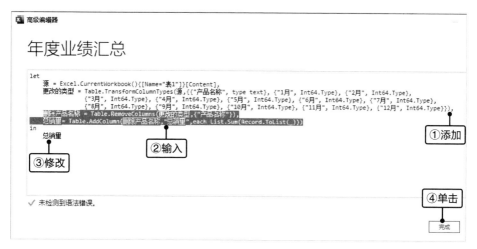

图6-35

步骤03 在返回的查询表中即可查看到，程序自动将产品名称列数据删除，并添加了"总销量"字段列，总字段列还是13列，而新增的"总销量"列的值来源于各产品"1月"~"12月"的字段列数据的总和，如图6-36所示。

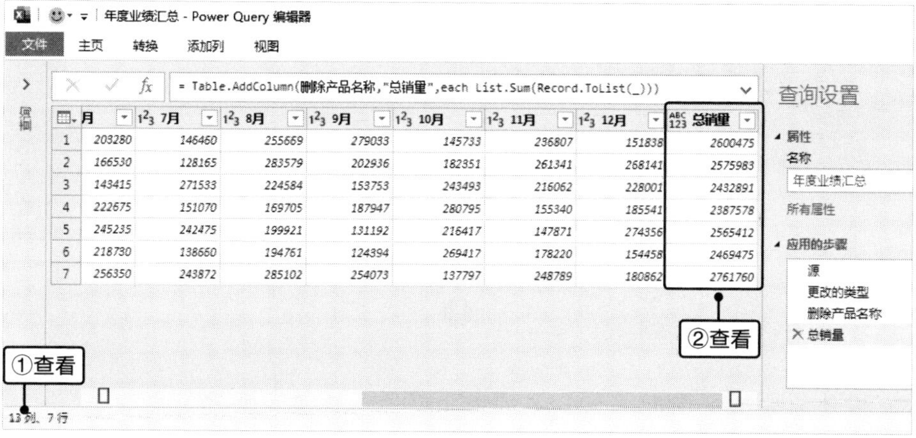

图6-36

【代码说明】

在本例中，用于汇总1月~12月销量的代码是"总销量= Table. AddColumn(删除产品名称,"总销量",each List.Sum(Record.ToList(_)))"，其中，"Record.ToList(_)"部分用于获取整条记录的所有字段列的值列表，然后用List.Sum()函数对获取的记录值列表进行求和运算，代码中的"each"关键字表示"List.Sum(Record.ToList(_))"规则应用于查询表的每行记录。最后通过Table.AddColumn()函数将得到的年度总销量结果值列表,以列的方式添加到查询表中。

在整个查询表中,由于原表的第一列为文本类型的数据,但是List.Sum只能处理数字数据,因此在进行年度总销量汇总之前,应用了"删除产品名称 = Table.RemoveColumns(更改的类型,{"产品名称"}),"代码,将查询表中的"产品名称"字段列进行删除,从而确保得到的记录值列表中的值全部是数字。在该代码中,Table.RemoveColumns()函数是一个Table类函数,其作用就是将指定的字段从查询表中移除。

如果不添加这条M语句,直接添加"总销量"列汇总数据,则该列的值将显示"Error",如图6-37所示。

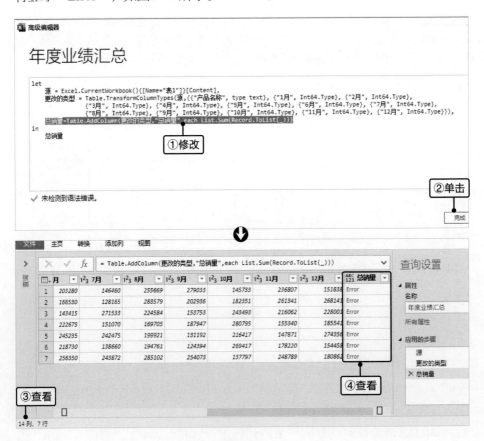

图6-37

知识贴士｜Table.RemoveColumns()函数介绍

在Power Query中，如果要将查询表中的指定列删除，则可以使用Table. RemoveColumns()函数来完成，该函数的相关语法及参数解释如下。

【函数语法】

Table.RemoveColumns(table as table, columns as any, optional missingField as nullable number) as table

【简化理解】

Table.RemoveColumns(查询表,字段列,缺失字段列)

【参数解释】

①**查询表**：用于指定需要删除字段列的查询表。

②**字段列**：用于指定需要删除的字段列，如果删除指定的一列，其写法是：{"字段名"}；如果删除指定的多列，其写法是：{"字段名1","字段名2",……}。

③**缺失字段列**：可选参数，用于指定当指定的字段列不存在时，函数如何处理缺失字段列，该参数有两个参数值，分别是MissingField.UseNull和MissingField. Ignore，前者表示将缺失字段作为null值包含在内，后者表示直接忽略缺失字段。

如果省略该参数，则当指定字段列不存在时，查询发生异常，输出警告信息，如图6-38上所示。如果指定该参数为MissingField.UseNull和MissingField.Ignore的任意值，程序都将继续执行，删除能够找到的字段列，如图6-38中和图6-38下所示。

图6-38

知识贴士 | 使用Record.FieldValues()函数获取记录值

在Power Query中，Record.FieldValues()函数也是用于获取记录值的，该函数的用法与Record.ToList()函数的用法完全一样。因此，要实现本例的效果，也可以用以下代码来替换步骤02中添加的代码。

删除产品名称 = Table.RemoveColumns(更改的类型,{"产品名称"}),
总销量= Table.AddColumn(删除产品名称,"总销量",each List.Sum
(Record.FieldValues(_)))

其最终的运行效果如图6-39所示。

图6-39

6.3.2　提取记录中指定字段的值：Record.Field()

【函数功能】

返回一条记录中某个指定字段的值。

【函数语法】

Record.Field(record as record, field as text) as any

【简化理解】

Record.Field(记录,字段名)

【参数解释】

①**记录**：用于指定需要提取值的记录。

②**字段名**：用于指定需要提取记录中哪个字段的值。该参数是一个文本类型的值，因此需要使用英文状态下的双引号将字段名引起来。

下面通过具体的实例了解Record.Field()函数的实战应用。

实例解析

根据折扣率判断订单是否有折扣

步骤01　在Power Query中打开产品订单明细查询，单击"视图"选项卡，在"高级"组中单击"高级编辑器"按钮，打开"高级编辑器"窗口，如图6-40所示。

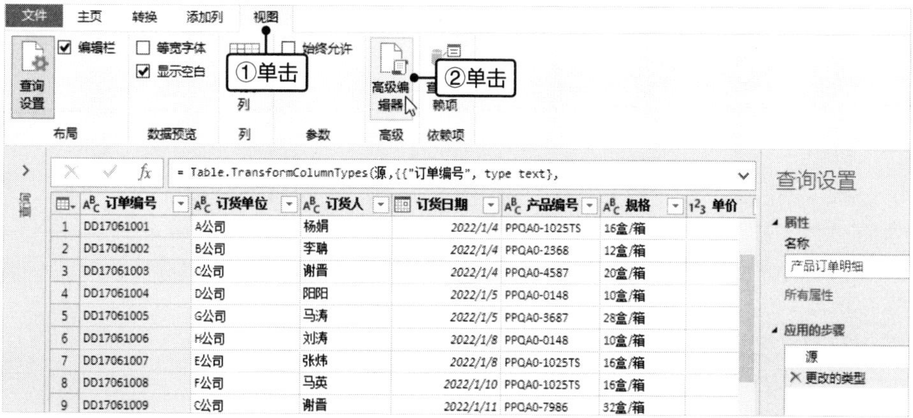

图6-40

步骤02 在“更改的类型”M语句末尾添加英文状态下的逗号分隔符，在其后输入根据折扣率数据判断各订单是否有折扣的代码，将原来的输出变量修改为“是否有折扣”，单击“完成”按钮，如图6-41所示。

```
是否有折扣=Table.AddColumn(更改的类型,"是否有折扣", each
            if Record.Field(_,"折扣率")=1 then "没有折扣" else "有折扣")
```

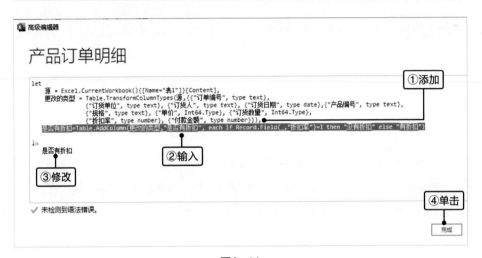

图6-41

步骤03 在返回的查询表中即可查看到，程序自动添加了“是否有折扣”字段列，该列的值来源为根据各订单的折扣率是否为1得到的“有折扣”和“没有折扣”的判断结果，如图6-42所示。

	品编号	规格	单价	订货数量	折扣率	付款金额	是否有折扣
1	)-1025TS	16盒/箱	350	100	0.95	33250	有折扣
2	)-2368	12盒/箱	300	100	0.95	28500	有折扣
3	)-4587	20盒/箱	650	200	0.85	110500	有折扣
4	)-0148	10盒/箱	210	300	0.8	50400	有折扣
5	)-3687	28盒/箱	458	50	1	22900	没有折扣
6	)-0148	10盒/箱	210	150	0.95	29925	有折扣
7	)-1025TS	16盒/箱	350	120	0.95	39900	有折扣
8	)-1025TS	16盒/箱	350	150	0.95	49875	有折扣
9	)-7986	32盒/箱	800	200	0.85	136000	有折扣
10	)-2368	12盒/箱	300	100	0.95	28500	有折扣
11	)-4587	20盒/箱	650	95	1	61750	没有折扣
12	)-2368	12盒/箱	300	300	0.8	72000	有折扣
13	)-0148	10盒/箱	210	165	0.95	32917.5	有折扣
14	)-3687	28盒/箱	458	120	0.95	52212	有折扣
15	)-3687	28盒/箱	458	110	0.95	47861	有折扣
16	)-0148	10盒/箱	210	135	0.95	26932.5	有折扣

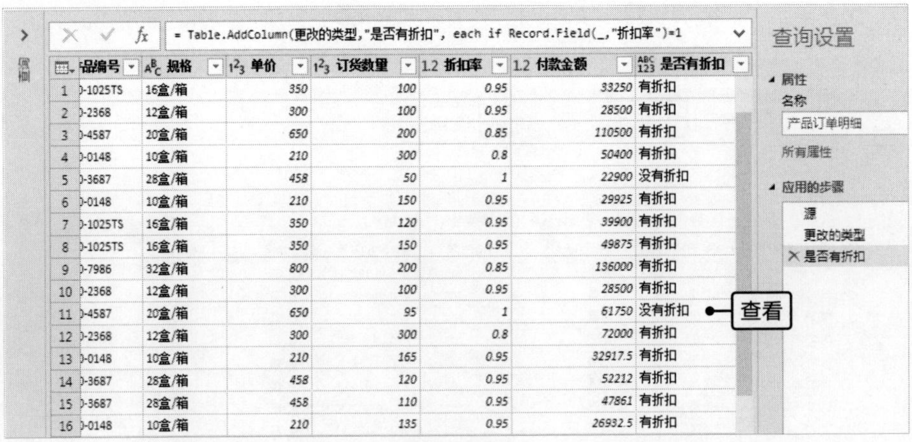

图6-42

【代码说明】

在本例的"是否有折扣=Table.AddColumn(更改的类型,"是否有折扣", each if Record.Field(_,"折扣率")=1 then "没有折扣" else "有折扣")"代码中，"Record.Field(_,"折扣率")"部分用于获取整条记录中的折扣率数据，然后将获得的值用if语句进行条件判断，如果Record.Field(_,"折扣率")的值为1，则条件成立，返回"then"关键字指定的内容，即输出"没有折扣"文本；如果Record.Field(_,"折扣率")的值不为1，则条件判断不成立，返回"else"关键字指定的内容，即输出"有折扣"文本。

最后通过Table.AddColumn()函数将得到的是否有折扣率判断结果的值列表，以列的方式添加到查询表中。

第7章
高阶应用(二)：M函数实战之数据处理

学习目标

　　Power Query中的常见数据类型有文本数据、数字数据和日期数据，不同数据类型有对应的M类函数。本章将具体讲解如何通过相应的M函数来对各数据进行灵活处理，从而提升用户借助Power Query清洗、整理数据的能力。

知识要点

- 转换为文本：Text.From()
- 文本替换：Text.Replace()
- 文本删除：Text.Remove()
- 四舍五入处理：Number.Round()
- 返回任意范围随机数：Number.RandomBetween()
- 返回日期的星期值：Date.DayOfWeekName()
- 返回经过指定月数后的日期：Date.AddMonths()

7.1 Text类函数：处理文本数据

在Power Query中，Text类函数都是用于处理查询表中的文本数据，如转换为文本的Text.From()函数、文本替换的Text.Replace()函数、文本删除的Text.Remove()函数等。

7.1.1 转换为文本：Text.From()

【函数功能】

将数字转化为文本型的数字，类似于Excel中的TEXT()函数。

【函数语法】

Text.From(value as any, optional culture as nullable text) as nullable text

【简化理解】

Text.From(待转化数据,区域)

【参数解释】

①**待转化数据**：用于指定需要转化为文本型数据的非文本数据，该数据可以是数字、日期、时间、日期时间、逻辑值等类型的值。如果给定的值为null，则Text.From()函数的最终返回值也为null。

②**区域**：该参数是一个可选参数，用于指定需要将文本转化为哪个区域的语言，默认为"zh-CN"，表示中文。

下面通过具体的实例了解Text.From()函数的实战应用。

实例解析

为面试总成绩添加"分"单位

步骤01 在Power Query中打开面试成绩查询，单击"视图"选项卡，在"高级"组中单击"高级编辑器"按钮，打开"高级编辑器"窗口，如图7-1所示。

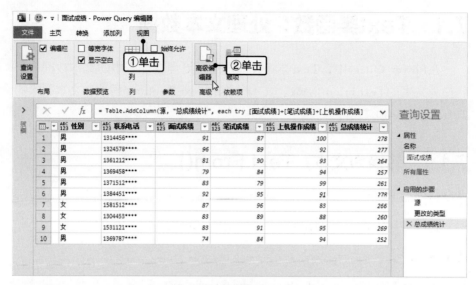

图7-1

步骤02 在"总成绩统计"M语句末尾添加英文状态下的逗号分隔符，在其后输入为总成绩添加"分"单位的代码，将原来的输出变量修改为"添加单位"，单击"完成"按钮，如图7-2所示。

添加单位= Table.TransformColumns(总成绩统计,{{"总成绩统计", each Text.From(_, "zh-CN") & "分", type text}})

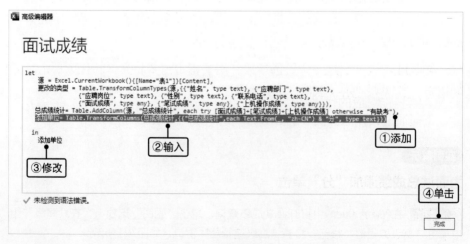

图7-2

步骤03 在返回的查询表中即可查看到，程序自动在"总成绩统计"字段列中为每个总分成绩添加了"分"单位，如图7-3所示。

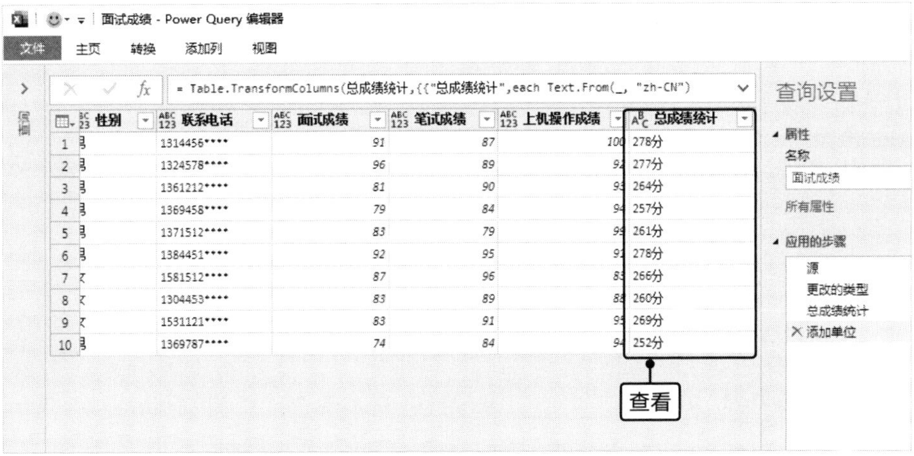

图7-3

【代码说明】

在本例的"添加单位= Table.TransformColumns(总成绩统计,{{"总成绩统计",each Text.From(_, "zh-CN") & "分", type text}})"代码中，因为是在原字段列的基础上直接添加"分"单位，因此使用Table.TransformColumns()函数对数据列的值进行转换。

由于本例只对查询表的一个字段列进行操作，因此该函数的第二个转换操作参数的写法为"{{"总成绩统计",each Text.From(_, "zh-CN") & "分", type text}}"。

在该参数中，指定了要转换的字段列为"总成绩统计"，需要进行的具体转换操作对应的代码是"each Text.From(_, "zh-CN") & "分""，其中，"each Text.From(_, "zh-CN")"代码表示将"总成绩统计"字段列的每个数据转化为文本，然后用"&"运算符将转化的每个文本型数字与"分"文本进行连接，从而完成了为每个总成绩添加"分"单位的操作。

7.1.2　文本替换：Text.Replace()

【函数功能】

在文本中查找并替换指定内容，类似于Excel中的REPLACE()函数。

【函数语法】

Text.Replace(text as nullable text, old as text, new as text) as nullable text

【简化理解】

Text.Replace(文本数据,查找内容,替换内容)

【参数解释】

①**文本数据**：用于指定需要进行处理的文本内容。

②**查找内容**：用于指定需要在指定文本中查找的内容。

③**替换内容**：用于指定用何值来替换在文本中查找到的内容。

下面通过具体的实例了解Text.Replace()函数的实战应用。

实例解析

将会员编号中的"HY"内容用空值替换

步骤01 在Power Query中打开会员信息整理查询，单击"视图"选项卡，在"高级"组中单击"高级编辑器"按钮，打开"高级编辑器"窗口，如图7-4所示。

图7-4

步骤02 在“更改的类型”M语句末尾添加英文状态下的逗号分隔符，在其后输入在“编号”字段列中查找编号中的“HY”文本并用空值进行替换的代码，将原来的输出变量修改为“新编号”，单击“完成”按钮，如图7-5所示。

```
新编号=Table.AddColumn(更改的类型,"新编号",each
        Text.Replace( Record.Field(_,"编号"),"HY",""))
```

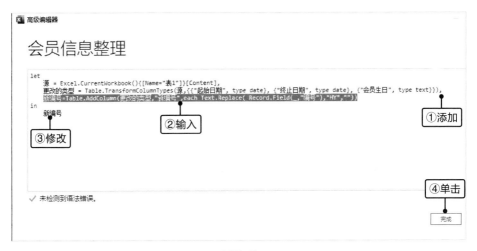

图7-5

步骤03 在返回的查询表中即可查看到，程序自动添加了“新编号”字段列，该列的值来源于将“编号”字段列中的“HY”替换为空格后得到的新编号内容，如图7-6所示。

	性别	身份证号	起始日期	终止日期	会员生日	新编号
1	男	515***19880628****	2020/1/7	2022/1/7	06月28日	BH202010001
2	女	514***19870704****	2020/1/25	2023/1/25	07月04日	BH202010002
3	男	515***19820102****	2020/1/27	2022/1/27	01月02日	BH202010003
4	女	513***19841019****	2020/1/27	2022/1/27	10月19日	BH202010004
5	女	511***19850827****	2020/2/3	2022/2/3	08月27日	BH202010005
6	女	517***19890617****	2020/2/28	2023/2/28	06月17日	BH202010006
7	男	510***19810226****	2020/2/28	2023/2/28	02月26日	BH202010007
8	女	513***19790403****	2020/3/9	2022/3/9	04月03日	BH202010008
9	女	513***19790414****	2020/3/18	2023/3/18	04月14日	BH202010009
10	男	510***19811125****	2020/3/23	2023/3/23	11月25日	BH202010010
11	男	517***19800108****	2020/4/8	2023/4/8	01月08日	BH202010011
12	女	519***19870301****	2020/4/16	2022/4/16	03月01日	BH202010012
13	女	517***19810811****	2020/4/21	2023/4/21	08月11日	BH202010013
14	女	512***19870813****	2020/5/12	2023/5/12	08月13日	BH202010014

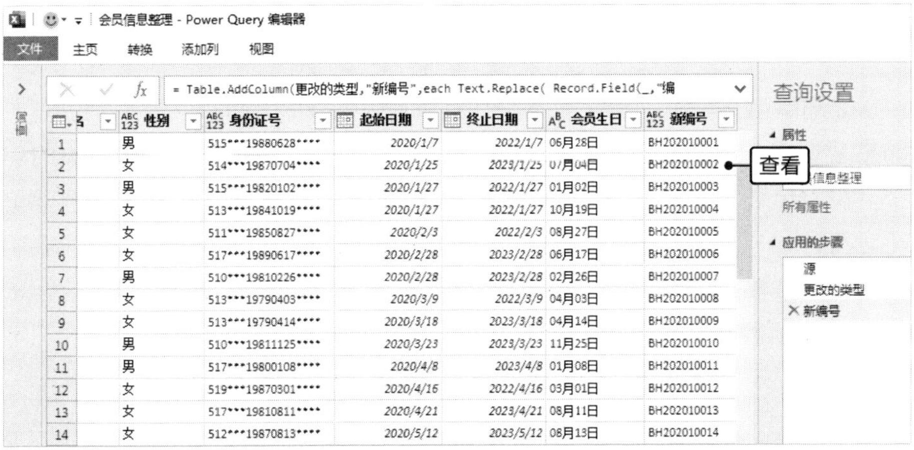

图7-6

【代码说明】

在本例中的"新编号=Table.AddColumn(更改的类型,"新编号",each Text.Replace(Record.Field(_,"编号"),"HY",""))"代码中，首先使用"Record.Field(_,"编号")"获取查询表中每行记录的编号文本数据，然后使用Text.Replace()函数在获取的编号数据中查找"HY"字符，并将替换的新字符设置为空值，即可完成新编号数据的获取。

最后通过Table.AddColumn()函数将得到的会员新编号值列表，以列的方式添加到查询表中。

7.1.3 文本删除：Text.Remove()

【函数功能】

在文本中删除指定字符。

【函数语法】

Text.Remove(text as nullable text, removeChars as any) as nullable text

【简化理解】

Text.Remove(文本数据,删除字符)

【参数解释】

①**文本数据**：用于指定需要进行处理的文本内容。

②**删除字符**：用于指定需要在指定文本中删除的字符。需要说明的是，如果要在文本中删除单个字符，则直接用英文状态的双引号将待删除的单个字符引起来即可，其作用类似于在Excel中使用SUBSTITUTE()函数删除单个字符；如果要删除文本中的多个字符，此时就需要将多个字符以列表的形式单个设置。例如，在"DDBH1001"文本中要删除"DD"，则将Text.Remove()函数的第二个参数设置为""D""即可；如果要删除"DDBH"字符，则将Text.Remove()函数的第二个参数设置为"{"D","B","H"}"即可。

下面通过具体的实例了解Text.Remove()函数的实战应用。

实例解析

将产品编号中的"P"和"—"字符删除

步骤01 在Power Query中打开产品订单明细查询，单击"视图"选项卡，在"高级"组中单击"高级编辑器"按钮，打开"高级编辑器"窗口，如图7-7所示。

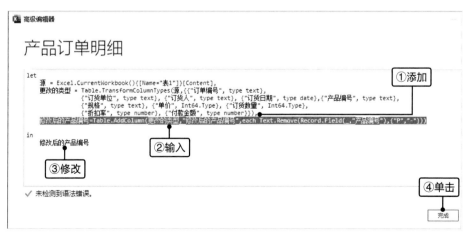

图7-7

步骤02 在"更改的类型"M语句末尾添加英文状态下的逗号分隔符，在其后输入在"产品编号"字段列中删除"P"和"—"字符的代码，将原来的输出变量修改为"修改后的产品编号"，单击"完成"按钮，如图7-8所示。

修改后的产品编号=Table.AddColumn(更改的类型,"修改后的产品编号",each
Text.Remove(Record.Field(_,"产品编号"),{"P","—"}))

图7-8

步骤03 在返回的查询表中即可查看到，程序自动添加了"修改后的产品编号"字段列，该列的值来源于将"产品编号"字段列中的"P"和"-"字符删除后的新编号内容，如图7-9所示。

图7-9

【代码说明】

在本例的"修改后的产品编号=Table.AddColumn(更改的类型,"修改后的产品编号",each Text.Remove(Record.Field(_,"产品编号"),{"P","-"}))"代码中，首先使用"Record.Field(_,"产品编号")"获取查询表中每行记录的产品编号文本数据，然后使用Text.Remove()函数在获取的编号数据中直接删除"P"和"-"字符。

最后通过Table.AddColumn()函数将得到的产品新编号值列表，以列的方式添加到查询表中。

7.2 Number类函数：处理数字数据

在Power Query中，Number类函数都是用于处理查询表中的数值数据（常规的数字、小数、货币值等），如四舍五入处理的Number.Round()函数、返回指定范围随机数的Number.RandomBetween()函数等。下面具体介绍如何利用这些M函数处理查询表中的数值数据。

7.2.1　四舍五入处理：Number.Round()

【函数功能】

将小数数据按指定位数进行四舍五入处理，类似于Excel中的ROUND()函数。

【函数语法】

Number.Round(number as nullable number, optional digits as nullable number, optional roundingMode as nullable number) as nullable number

【简化理解】

Number.Round(待处理数据,位数,舍入模式)

【参数解释】

①待转化数据：用于指定需要处理的数字数据。如果该参数为null，则函数返回null。

②位数：该参数是一个可选参数，用于指定四舍五入后需要保留的小数位数。省略该参数表示四舍五入到最接近的整数。例如，执行"=Number.Round(1.56)"语句，将返回结果2。又如，执行"= Number.Round(1.46)"语句，将返回结果1。

③舍入模式：该参数是一个可选参数，用于指定需要保留位数后面的数字为5时的舍入模式，该模式有两个参数值，分别是RoundingMode.Up和RoundingMode.Down，各参数值代表的作用如表7-1所示。

表7-1　舍入模式参数值的具体作用

舍入模式参数值	说明
RoundingMode.Up	将指定保留位数后面的数字 5 按向上舍入的方式进行处理，例如，执行"= Number.Round(1.235, 2, RoundingMode.Up)"语句，其返回值为 1.24

舍入模式参数值	说明
RoundingMode.Down	将指定保留位数后面的数字5按向下舍入的方式进行处理，例如，执行"= Number.Round(1.235, 2, RoundingMode.Down)"语句，其返回值为1.23

下面通过具体的实例了解Number.Round()函数的实战应用。

实例解析

将员工能力测评的平均成绩设置保留两位小数

步骤01 在Power Query中打开员工能力测评查询，单击"视图"选项卡，在"高级"组巾单击"高级编辑器"按钮，打开"高级编辑器"窗口，如图7-10所示。

图7-10

步骤02 在"计算平均成绩"M语句末尾添加英文状态下的逗号分隔符，在其后输入将平均成绩的数据按四舍五入的方法处理并保留两位小数的代码，将原来的输出变量修改为"平均分处理"，单击"完成"按钮，如图7-11所示。

```
平均分处理=Table.TransformColumns(计算平均成绩,{{"平均成绩",
    each Number.Round(_,2),type number}})
```

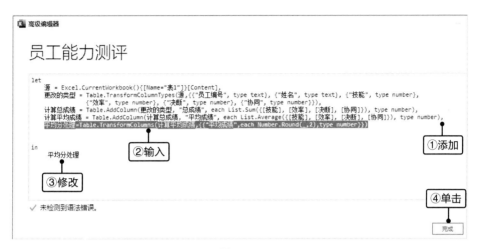

图7-11

步骤03 在返回的查询表中即可查看到，程序自动在“平均成绩”字段列中将每个平均成绩按四舍五入处理并保留两位小数，如图7-12所示。

	员工编号	姓名	技能	效率	决断	协同	总成绩	平均成绩
1	YGBH20221001	贺娟	5	8	8	10	31	7.75
2	YGBH20221002	李聃	8.4	8	9	8.7	34.1	8.52
3	YGBH20221003	谢晋	9.5	9.1	8.7	8.2	35.5	8.88
4	YGBH20221004	薛佳加	8	8.6	8.4	7.9	32.9	8.22
5	YGBH20221005	何阳	8	9	9.5	9	35.5	8.88
6	YGBH20221006	刘颖	9	9.1	9.7	9.5	37.3	9.32
7	YGBH20221007	高进	8.5	8.7	8.6	8.3	34.1	8.52
8	YGBH20221008	周娜	6	5	5	4	20	5
9	YGBH20221009	刘岩	7.9	7.8	8.4	8.2	32.3	8.08
10	YGBH20221010	张炜	8	7.5	7.9	7.6	31	7.75
11	YGBH20221011	谢晓鸣	5.1	4.8	6.1	6	22	5.5
12	YGBH20221012	张婷婷	9	8.6	8.5	9.4	35.5	8.88
13	YGBH20221013	张笛	8.8	7.9	8.5	8.6	33.8	8.45
14	YGBH20221014	杨洋	8.6	8.7	8.9	9	35.2	8.8
15	YGBH20221015	胡可	7.6	7.7	7.8	7.9	31	7.75

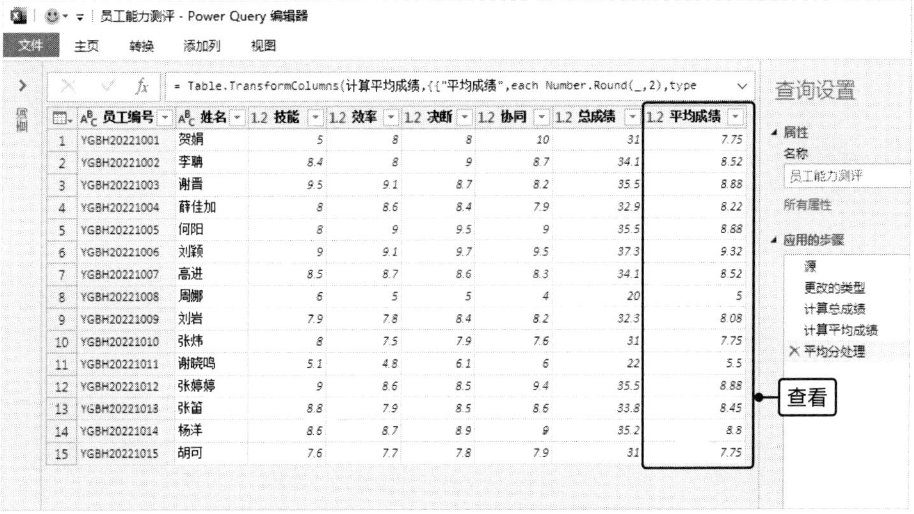

图7-12

【代码说明】

在本例中的“平均分处理=Table.TransformColumns(计算平均成绩,{{"平均成绩",each Number.Round(_,2),type number}})”代码中，使用Table.TransformColumns()函数对数据列的值进行转换。该函数的第二个参数“{{"平均成绩",each Number.Round(_,2),type number}}”是这个函数的核心部分，

其中，"平均成绩"部分表示要处理的字段列，"Number.Round(_,2)"部分表示对"平均成绩"字段列的所有数据进行四舍五入处理，且处理结果要保留两位小数。

知识贴士｜向上舍入函数与向下舍入函数介绍

在Power Query中，还有两个与四舍五入函数相似的舍入函数，分别是向上舍入函数Number.RoundUp()和向下舍入函数Number.RoundDown()，这两个函数的具体介绍如下。

【函数语法】

Number.RoundUp(number as nullable number, optional digits as nullable number) as nullable number

Number.RoundDown(number as nullable number, optional digits as nullable number) as nullable number

【简化理解】

Number.RoundUp(待处理数据,位数)

Number.RoundDown(待处理数据,位数)

【参数解释】

这两个函数的参数与Number.Round()函数的第一个和第二个参数的作用一样。

使用Number.RoundUp()函数时，无论指定的保留位数后面的数据为多少，始终向上舍入，例如，执行"=Number.RoundUp(1.234, 2)"语句，其返回值为1.24。

使用Number.RoundDown()函数时，无论指定的保留位数后面的数据为多少，始终向下舍入，例如，执行"=Number.RoundDown(1.238, 2)"语句，其返回值为1.23。

7.2.2　返回任意范围随机数：Number.RandomBetween()

【函数功能】

返回任意范围内的随机数，每刷新一次查询表或者重新上载查询表，都将重新产生随机数，类似于Excel中的RANDBETWEEN()函数。

【函数语法】

Number.RandomBetween(bottom as number, top as number) as number

【简化理解】

Number.RandomBetween(范围起始值,范围终止值)

【参数解释】

①范围起始值：用于指定函数将返回的最小整数。

②范围终止值：用于指定函数将返回的最大整数。

下面通过具体的实例了解Number.RandomBetween()函数的实战应用。

实例解析

将面试人员随机安排到不同的面试室

步骤01 在Power Query中打开面试室分配查询，单击"视图"选项卡，在"高级"组中单击"高级编辑器"按钮，打开"高级编辑器"窗口，如图7-13所示。

图7-13

步骤02 在"更改的类型"M语句末尾添加英文状态下的逗号分隔符，在其后输入每个面试者随机分配面试室的代码，将原来的输出变量修改为"面试室"，单击"完成"按钮，如图7-14所示。

面试室=Table.AddColumn(更改的类型,"面试室",
　　　　each Number.Round(Number.RandomBetween(1,3)))

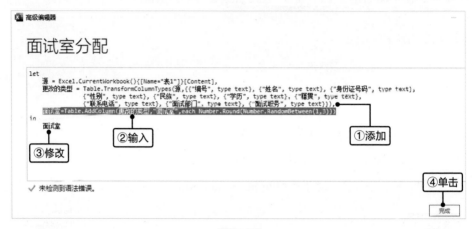

图7-14

步骤03 在返回的查询表中即可查看到，程序自动添加一列"面试室"字段列，该列的数据是随机产生的1～3之间的整数，如图7-15所示。

图7-15

【代码说明】

在本例的"面试室=Table.AddColumn(更改的类型,"面试室",each Number.Round(Number.RandomBetween(1,3)))"代码中，"Number.RandomBetween(1,3)"部分用于获取1～3之间的随机数，但是这个数据可能是小数，因此使用Number.Round()函数将获取的随机数四舍五入为整数。

最后通过Table.AddColumn()函数将获取到的1~3的随机数列表，以列的方式添加到查询表中。

知识贴士 | 随机产生100以上的随机整数

在Power Query中，Number.Random()函数可以返回介于0到1之间的随机数，其语法格式如下。

Number.Random()

该函数没有参数，通过该函数和Number.Round()函数可以随机产生100以上的随机整数，其实现原理是：

①先使用Number.Random()函数得到一个随机数。

②利用乘法将获得的随机数扩大100倍。

③由于扩大100倍后仍然可能存在10以下的数据，如图7-16所示为没有加100的情况下得到包含10以下的随机数。因此可以再在结果上加100，即可确保得到的所有数据都是在100以上的随机数。

④用Number.Round()函数对小数进行处理，得到整数。

图7-16

7.3　Data类函数：处理日期数据

对于日期数据，又包含多种子类型，如日期类型、日期时间类型、时间类型、持续时间类型等，对应的M函数也有多种类型，如Date类、DateTime类、Time类、DateTimeZone类、Duration类等。这些类型的函数用法都差不多，下面从Data类函数中挑选几个常见的M函数，来讲解各函数在实际的数据清洗过程中的应用。

7.3.1　返回日期的星期值：Date. DayOfWeekName()

【函数功能】

返回某个特定日期的星期值，类似于Excel中的WEEKDAY()函数。

【函数语法】

> Date.DayOfWeekName(date as any, optional culture as nullable text)

【简化理解】

> Date.DayOfWeekName(待处理日期,范围终止值)

【参数解释】

①**待处理日期**：用于指定需要返回星期值的日期。

②**区域**：该参数是一个可选参数，用于指定需要返回的星期值属于哪个区域的语言，默认为"zh-CN"，表示中文。

下面通过具体的实例了解Date.DayOfWeekName()函数的实战应用。

实例解析

添加付款时间对应的星期值

步骤01　在Power Query中打开提货明细查询，单击"视图"选项卡，在"高级"组中单击"高级编辑器"按钮，打开"高级编辑器"窗口，如图7-17所示。

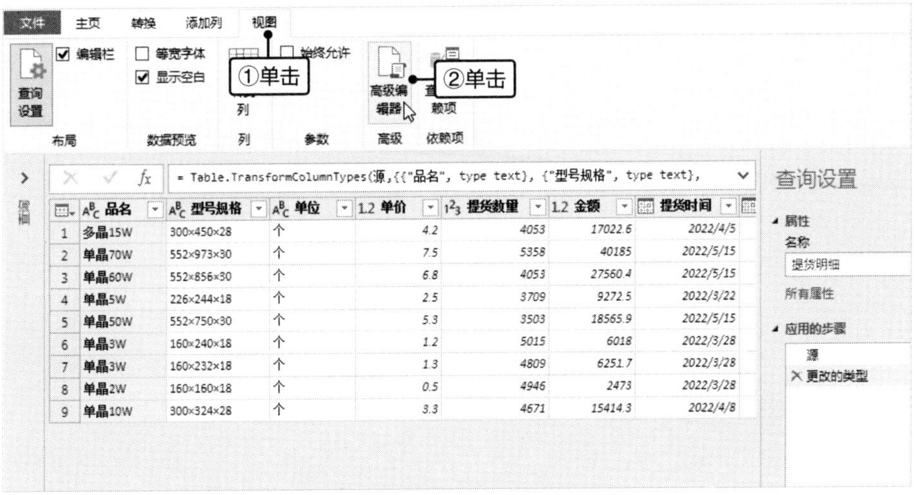

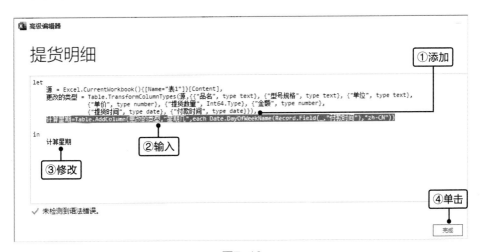

图7-17

步骤02 在"更改的类型"M语句末尾添加英文状态下的逗号分隔符，在其后输入如下所示的根据各行中的付款时间生成对应的星期值的代码，将原来的输出变量修改为"计算星期"，单击"完成"按钮，如图7-18所示。

计算星期=Table.AddColumn(更改的类型,"星期几",
　　　　 each Date.DayOfWeekName(Record.Field(_,"付款时间"),"zh-CN"))

图7-18

步骤03 在返回的查询表中即可查看到，程序自动添加一列"星期几"字段列，该列的数据来源是根据各行的付款时间得到的对应的星期值，如图7-19所示。

图7-19

【代码说明】

在本例的"计算星期=Table.AddColumn(更改的类型,"星期几",each Date.DayOfWeekName(Record.Field(_,"付款时间"),"zh-CN"))"代码中，"Record.Field(_,"付款时间")"部分用于获取"付款时间"字段列的所有数据，将该参数的返回值作为Date.DayOfWeekName()函数的第一个参数，用于指明要处理的日期数据，将""zh-CN""作为Date.DayOfWeekName()函数的第二个参数，用于指定返回中文星期值。

最后通过Table.AddColumn()函数将获取到的付款时间对应的星期值列表，以列的方式添加到查询表中。

7.3.2　返回经过指定月数后的日期：Date.AddMonths()

【函数功能】

返回某个日期经过几个月后的日期。

【函数语法】

Date.AddMonths(dateTime as any, numberOfMonths as number) as any

【简化理解】

Date.AddMonths(待处理日期,月数)

【参数解释】

①待处理日期：用于指定当前某个需要处理的日期。

②月数：用于指定待处理日期的月份需要添加的月数。

下面通过具体的实例了解Date.AddMonths()函数的实战应用。

实例解析

根据报到时间计算转正时间

步骤01 在Power Query中打开新员工入职信息查询，单击"视图"选项卡，在"高级"组中单击"高级编辑器"按钮，打开"高级编辑器"窗口，如图7-20所示。

图7-20

步骤02 在"更改的类型"M语句末尾添加英文状态下的逗号分隔符，在其后添加根据各行中的报到时间生成对应的转正时间并更改得到转正时间的数据类型的代码，将原来的输出变量修改为"更改转正时间类型"，单击"完成"按钮，如图7-21所示。

转正时间=Table.AddColumn(更改的类型,"转正时间",
　　　　each Date.AddMonths(Record.Field(_,"报到时间"),1)),
更改转正时间类型=Table.TransformColumnTypes(转正时间,{{"转正时间", type date}})

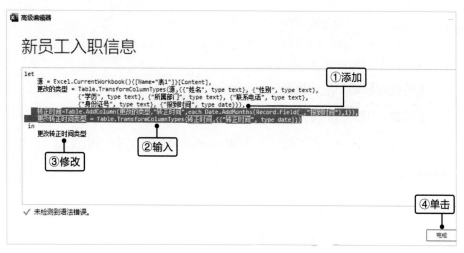

图7-21

📌 **步骤03** 在返回的查询表中即可查看到，程序自动添加一列"转正时间"字段列，该列的数据来源是各行的报到时间经过一个月后得到的新日期，如图7-22所示。

图7-22

【代码说明】

在本例的"转正时间=Table.AddColumn(更改的类型,"转正时间",each Date.AddMonths(Record.Field(_,"报到时间"),1))"代码中，"Record.Field(_,"报到时间")"部分用于获取"报到时间"字段列的所有数据，将该参数的返回值作为Date.AddMonths()函数的第一个参数，用于指明要处理的日期数据，将“1”作为Date.AddMonths()函数的第二个参数，表示报到时间经过一个月后的日期，即得到转正时间。

最后通过Table.AddColumn()函数将获取到的各员工对应的转正时间列表以列的方式添加到查询表中。此时直接将得到的转正时间上载到Excel，在Excel中将显示该时间对应的数值，如图7-23所示。

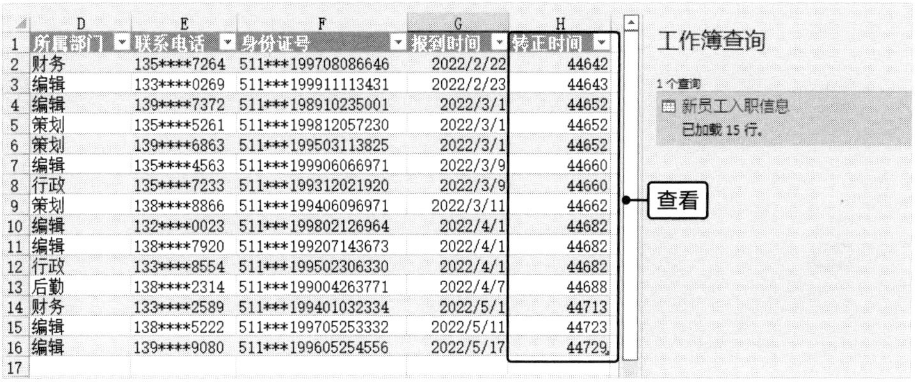

	D	E	F	G	H
1	所属部门	联系电话	身份证号	报到时间	转正时间
2	财务	135****7264	511***199708086646	2022/2/22	44642
3	编辑	133****0269	511***199911113431	2022/2/23	44643
4	编辑	139****7372	511***198910235001	2022/3/1	44652
5	策划	135****5261	511***199812057230	2022/3/1	44652
6	策划	139****6863	511***199503113825	2022/3/1	44652
7	编辑	135****4563	511***199906066971	2022/3/9	44660
8	行政	135****7233	511***199312021920	2022/3/9	44660
9	策划	138****8866	511***199406096971	2022/3/11	44662
10	编辑	132****0023	511***199802126964	2022/4/1	44682
11	编辑	138****7920	511***199207143673	2022/4/1	44682
12	行政	133****8554	511***199502306330	2022/4/1	44682
13	后勤	138****2314	511***199004263771	2022/4/7	44688
14	财务	133****2589	511***199401032334	2022/5/1	44713
15	编辑	138****5222	511***199705253332	2022/5/11	44723
16	编辑	139****9080	511***199605254556	2022/5/17	44729
17					

图7-23

为了使上载查询数据后能够以日期格式显示转正时间，因此本例添加了“更改转正时间类型=Table.TransformColumnTypes(转正时间,{{"转正时间", type date}})”代码。